智能开源硬件基础

Foundation of Intelligent Open Source Hardware

高 立 兰名荥 主编

北京理工大学出版社
BEIJING INSTITUTE OF TECHNOLOGY PRESS

内 容 简 介

本书系统论述了智能开源硬件的电路基础、原理、开发方法及实战设计案例,理论与实践紧密结合。全书分 4 篇,分别为"电路分析基础""数字电路""模拟电路""智能感知";涵盖 14 章,包括电路分析基础、正弦交流稳态电路、一阶电路、数字逻辑基础、组合逻辑电路、触发器、时序逻辑电路、放大电路、模拟集成电路等开发开源硬件所需的电路基础理论知识,同时以 Arduino 开源平台为例,介绍了超声波传感器、红外手势传感器等 17 种常用传感器的原理及应用,在短距离无线通信技术部分重点介绍了蓝牙技术及其应用示例,最后为综合开发实践案例。

本书可作为高校电子信息、数字媒体技术等专业"智能开源硬件""传感器""电子系统设计""创新创业"等课程的参考教材,也可以作为智能交互设计、工业设计、数字媒体艺术等需在硬件方面快速上手的专业的参考教材,还可以作为创客及智能硬件爱好者,从事物联网、创新开发和设计的专业人员的参考用书。

图书在版编目（ＣＩＰ）数据

智能开源硬件基础 / 高立,兰名荣主编. --北京:
北京理工大学出版社,2021.7 (2023.2 重印)
ISBN 978-7-5763-0020-8

Ⅰ. ①智… Ⅱ. ①高… ②兰… Ⅲ. ①人工智能-程序设计-高等学校-教材 Ⅳ. ①TP18

中国版本图书馆 CIP 数据核字（2021）第 136369 号

出版发行 / 北京理工大学出版社有限责任公司
社　　址 / 北京市海淀区中关村南大街 5 号
邮　　编 / 100081
电　　话 / （010）68914775（总编室）
　　　　　 （010）82562903（教材售后服务热线）
　　　　　 （010）68944723（其他图书服务热线）
网　　址 / http://www.bitpress.com.cn
经　　销 / 全国各地新华书店
印　　刷 / 廊坊市印艺阁数字科技有限公司
开　　本 / 787 毫米×1092 毫米　1/16
印　　张 / 16.5
字　　数 / 385 千字
版　　次 / 2021 年 7 月第 1 版　2023 年 2 月第 2 次印刷
定　　价 / 92.00 元

责任编辑 / 钟　博
文案编辑 / 钟　博
责任校对 / 周瑞红
责任印制 / 李志强

前言

以科技创新培育壮大新动能，打造中国高质量发展强劲动力，成为当前时代的热议话题。在科技创新的时代背景下，编者以学生发展和能力提升为中心，结合智能开源硬件的特点和创新型人才的培养需求，探索理论与实践紧密结合又突出创新思维的培养方式和教学模式，编写了本书以总结实际教学中应用智能开源硬件的理论和实践，希望对教育教学有所帮助。

本书系统论述了智能开源硬件的电路基础、原理、开发方法及实战设计案例，理论与实践紧密结合，全书为4篇，分别为"电路分析基础""数字电路""模拟电路""智能感知"；涵盖14章，内容包括第一篇至第三篇的电路分析基础、正弦交流稳态电路、一阶电路、数字逻辑基础、组合逻辑电路、触发器、时序逻辑电路、放大电路、模拟集成电路等开发开源硬件所需的电路基础理论知识；在第四篇中，以Arduino开源平台为例，介绍了超声波传感器、数字温湿度传感器等17种常用传感器的原理及应用，另外还介绍了ZigBee、蓝牙和WiFi等短距离无线通信技术，最后为综合开发实践案例的创意、设计、开发总结。

无论读者希望借助开源硬件较快实现创意和想法，或者协助艺术创作，还是希望成为硬件技术开发人员，本书都是很好的入门参考书。在此基础上，读者更容易继续学习相关的电路、传感器或物联网等书籍，继而掌握扎实的智能硬件开发技术。

本书由高立和兰名荩共同编写。高立编写第1章~第3章、第8章、第9章，兰名荩编写第4章~第7章、第10章~第14章。

本书由北京邮电大学创新创业教育精品课程项目和高新课程项目资助，在此表示感谢；还要感谢编者的研究生刘远航、李若暄、李江楠将节假日和寒暑假贡献出来，完成了部分章节的资料整理工作；感谢编者的本科生谭奇明、白文鑫、彭龙锐、杨梦南、田文娟、钟媛媛、喻恬、熊宇伦在编者教授的课程中完成综合实践案例的创意、设计、开发和总结。

最后要感谢读者朋友们。由于时间有限，书中难免存在不足之处，衷心希望各位读者及时指正，以便该书不断改进。

编者电子邮箱：

高立：gaoli@bupt.edu.cn；

兰名荣：lanmingying@bupt.edu.cn。

高 立

2021 年 3 月

于北京邮电大学

目 录
CONTENTS

第一篇　电路分析基础

第二篇 数 字 电 路

第三篇 模 拟 电 路

第四篇 智 能 感 知

第一篇　电路分析基础

第1章
电路及电路分析基础

1.1 电路及电路分析的基本物理量

1.1.1 电路及其组成

电在现代日常生活、工农业生产、科研和国防等许多方面都有十分广泛的应用。各种实际电路都是由电阻器、电容器、线圈、电源等部件和晶体管等器件相互连接组成的。现代微电子技术已可将若干部、器件不可分离地制作在一起，使其在电气上互连，成为一个整体，即**集成电路**（Integration Circuit，IC）。日常生活中使用的手电筒电路就是一个最简单的电路，如图1-1（a）所示，它是由干电池、灯、开关、手电筒壳（充当连接导体）组成的。

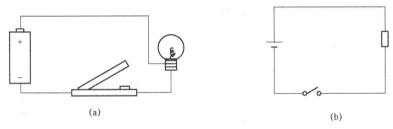

图1-1 手电筒电路

（a）实际电路；（b）电路模型

人们设计制作某种部、器件是要利用它的某种物理性质，例如，制作一个电阻器是要利用它对电流呈现阻力的性质，然而，当电流通过时还会产生磁场，因此它兼有电感的性质。其他部、器件也有类似的或更复杂的情况，这为分析电路带来困难。因此，必须在一定条件下，忽略它的次要性质，用一个足以表征其主要性能的**模型**来表示，如图1-1（b）所示的手电筒电路模型。

当实际电路的尺寸远小于使用时其最高工作频率所对应的波长时，可以用几种"集总参数元件"来构成实际部、器件的模型。每一种集总参数元件（以下简称"元件"）只反映一种基本电磁现象，且可由数学方法加以定义。例如，电阻元件只涉及消耗电能的现象，电容元件只涉及与电场有关的现象，电感元件只涉及与磁场有关的现象，电场、磁场被认为只集总在相应元件的内部。此外，还有电压源、电流源等多种元件。各种元件也可用图形符号表示。在一定的条件下，有些部、器件的模型较简单，只涉及一种元件，而有些部、器件的模型则由几种元件构成。

由元件组成的电路，称为实际电路的**集总电路模型**（或**集总电路**）。电路理论分析的对象是电路模型而不是实际电路。电路图是用元件图形符号表示的电路模型。如何用元件构成某一部件、器件模型的问题则不是本书所要讨论的主要问题。

采用集总电路意味着不考虑电路中电场与磁场的相互作用，不考虑电磁波的传播现象，认为电能的传送是瞬间完成的。当电路的尺寸大于最高频率所对应的波长或两者属于同一数量级时，便不能按集总电路处理，应作为**分布参数电路**处理。例如，对无线电调频接收机来说，若所接收的信号频率为 100 MHz，则对应的波长 $\lambda = \dfrac{c}{f} = 3$ m（传播速度以光速计，即 $c = 3 \times 10^8$ m/s），连接接收天线与接收机之间的传输线即便只有 1 m 长，也不能作为集总电路处理。又如，我国电力用电的频率为 50 Hz，对应的波长为 6×10^6 m，对以此为工作频率的用电设备来说，其尺寸远小于这一波长，可以按集总电路处理，而对远距离输电线来说，就必须考虑电场、磁场沿线分布的现象，不能按集总电路处理。

集总假设为本书的基本假设。以后所述的电路基本定律、定理等均是在这一假设的前提下才能成立的。本书只讨论集总电路的分析。集总电路分为两大类，即电阻性电路和动态电路。前者只含电阻元件和电源元件，简称为电阻电路。

1.1.2　电路分析的基本物理量

电路分析使人们能得出给定电路的电性能。电路的电性能通常可以用一组表示为时间函数的变量来描述，电路分析的任务在于解得这些变量。这些变量中最常用到的是电流、电压和功率。

1. 电流

1）电流的定义

电子和质子都是带电的粒子，电子带负电荷，质子带正电荷。所带电荷的多少称为电荷量，在国际单位制中，电荷量的单位是库仑（C），用 q 或 Q 表示。带电粒子有秩序的移动便形成电流。

每单位时间内通过导体横截面的电荷量定义为**电流强度**，简称**电流**，如图 1-2 所示。在国际单位制中，电流的单位是安培（A），用符号 i 表示，即

$$i(t) = \frac{\mathrm{d}q}{\mathrm{d}t} \tag{1-1}$$

其中，$\mathrm{d}q$ 为通过导体横截面的电荷量。

2）电流的方向

习惯上将正电荷移动的方向规定为电流的方向，但在实际问题中，电流的真实方向往往难以在电路图中标出，为此引入**参考方向**这一概念。

电流的参考方向是人为设定的方向，在电路图中用箭头标出，如图 1-3 所示。参考方向一般在计算之前设定，可任意设定，一旦设定，在分析过程中便不再变动，并依照选定的参考方向分析计算结果。人们规定：

若 $i > 0$，说明电流的参考方向与电流的真实方向一致；

若 $i < 0$，说明电流的参考方向与电流的真实方向相反。

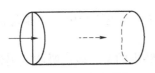

图 1-2　电流强度

图 1-3　电流的参考方向

2. 电压

1）电压的定义

电路中两点间的电压等于单位正电荷从高电位点 a 移动到低电位点 b 时，电场力所做的功，也称为**电位差**，用符号 u 表示，即

$$u = \frac{\mathrm{d}w}{\mathrm{d}q} \tag{1-2}$$

其中，$\mathrm{d}q$ 为从 a 点转移到 b 点的电荷量，单位为库伦（C）；$\mathrm{d}w$ 为电荷转移过程中所做的功，单位为焦耳（J）。电压的单位为伏特（V）。正电荷在电路中转移时电能的得或失表现为电位的升高或降低，即电压升或电压降。

2）电压的极性

如同需要为电流规定参考方向一样，也需要为电压规定参考极性。电压的实际极性是高电位端到低电位端，参考极性是人为设定的。图 1-4 中电流的参考方向用箭头表示，电压的参考极性则在元件或电路的两端用"＋""－"符号表示。"＋"号表示高电位端，"－"号表示低电位端。

参考极性一旦设定，在分析过程中便不再变动，并依照选定的参考方向分析计算结果。人们规定：

若 $u > 0$，说明电压的参考极性与电压的真实极性相同；

若 $u < 0$，说明电压的参考极性与电压的真实极性相反。

3）电压与电位、参考点的关系

当设定电路中某一点为参考点（电位是零）时，则电路中各点的电位也就是该点到参考点的电位差，电位高低随参考点的不同而不同。

电压等于两点间的电位差，如图 1-4 中，$u_{ab} = u_a - u_b$，两点间的电压不随参考点的不同而改变。

3. 电流与电压的关联参考方向

当支路电流的参考方向与支路电压的参考方向一致时，称为**关联参考方向**，即电流指向电压（电位降）的方向，如图 1-5 所示。

图 1-4　电压的极性

图 1-5　电流与电压的关联参考方向

关联参考方向会影响计算公式的正、负号。例如，对于电阻的伏安关系（欧姆定律），当

$u = ri$ 时，电压与电流在关联方向下；当 $u = -ri$ 时，电压与电流在非关联方向下。

4. 功率与能量

电路中存在着能量的流动，现在来讨论电路中的某一段所吸收或提供能量的速率，即功率的计算。功率用符号 p 表示，单位为瓦特（W），即

$$p = \frac{dw}{dt} = \frac{dw}{dq} \cdot \frac{dq}{dt} = ui \qquad (1-3)$$

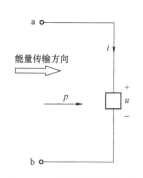

图 1-6 功率的参考方向

人们把能量传输（流动）的方向定为功率的方向，如同把电流、电压作为代数量处理一样，也可为功率假设参考方向，如图 1-6 所示。当功率的参考方向与实际方向一致时，功率为正，否则功率为负。

当支路电流与电压在关联参考方向下时，电流与电压的乘积就是此支路吸收的功率，即

$$p = ui \qquad (1-4)$$

当支路电流与电压在非关联参考方向下时，改用

$$p = -ui \qquad (1-5)$$

当计算结果为正时，说明支路**吸收功率**；当计算结果为负时，说明支路供出功率。

例 1-1 已知图 1-7 中支路电流 $i = 1\,A$，电压 $u = 3\,V$，求吸收功率 p。

解 电压与电流在非关联参考方向下，$p = -ui = -3\,W$，即吸收功率为 -3 W 或供出功率为 3 W。

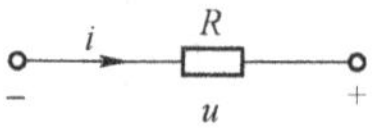

图 1-7 例 1-1 图

从根本上说，电荷与能量是描述电现象的基本变量或原始变量，为便于描述电路，从电荷和能量引入了电路变量——电流、电压和功率，它们都易于测得。由于功率可由电压、电流算得，因此，电路分析问题往往侧重求解电流和电压。在求解电路问题时，必须先假定所求量的参考方向。

1.2 基尔霍夫定律

在集总参数电路中，任何时刻流经元件的电流以及元件的端电压都是明确的物理量。它们是集总参数电路中分析和研究的对象。基尔霍夫定律是电路中电压和电流所遵循的基本规律，也是分析和计算电路的基础。在介绍此定律之前，先介绍几个名词。

（1）支路：一个电路元器件或若干个电路元器件的串联，构成电路的一个分支，称为支路。同一条支路中电流处处相同。

（2）节点：支路的连接点称为节点（或结点）。

（3）回路：电路中的任一闭合路径称为回路。

（4）网孔：在回路内部不含有任何支路的回路称为网孔。

例 1-2 如图 1-8 所示，求图中的支路数 b 及节点数 n。

解 如图 1-8（b）所示，有 ab、ac、ad、bc、cd 及 bd 共 6 条支路，$b = 6$；有 a、b、c、d 共 4 个节点，$n = 4$。

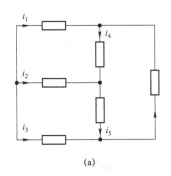
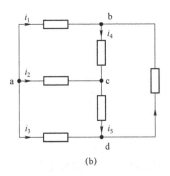

(a)　　　　　　　　　　　　(b)

图 1-8　例 1-2 图

1.2.1　基尔霍夫电流定律

电荷守恒和能量守恒是自然界的基本法则，运用到集总参数电路中便得到基尔霍夫的两个定律。

基尔霍夫电流定律（Kirchhoff's Current Law，KCL） 表述为：任一时刻，电路的任一节点，流出该节点的所有支路电流代数和为零，即

$$\sum\nolimits_{k=1}^{n_0} i_k = 0 \tag{1-6}$$

其中，n_0 为该节点连接的支路数，i_k 为该节点的第 k 条支路的电流。上式即节点电流方程，简称 **KCL 方程**。

图 1-9 所示为集总参数电路中的一个节点，与该节点相连的各支路电流分别为 i_1、i_2、i_3，参考方向如图中所示。根据 KCL，则有：

$$-i_1 - i_2 + i_3 = 0 \tag{1-7}$$

由上式可得

$$i_1 + i_2 = i_3 \tag{1-8}$$

即

$$\sum i_入 = \sum i_出 \tag{1-9}$$

因此，KCL 也可以表述为：在任一时刻，电路的任一节点，流入该节点的支路电流之和等于流出该节点的电流之和。

在以上的讨论中，对各支路的元件并无要求，这就是说，不论电路中的元件如何，只要是集总参数电路，KCL 就总是成立的。

把 KCL 运用到节点时，根据各支路电流的参考方向，以流进为准或以流出为准来列写支路电流的关系式，两种标准可任选一种。

KCL 反映了电路中节点相连的各支路电流间的约束关系，不仅适用于节点，还适用于包围几个节点的封闭曲面。如图 1-10 所示，根据 KCL 可得：

节点 1：
$$i_1 - i_4 + i_6 = 0 \tag{1-10}$$

节点 2：
$$-i_2 + i_4 - i_5 = 0 \tag{1-11}$$

节点 3：
$$i_3 + i_5 - i_6 = 0 \tag{1-12}$$

图 1-9 一个节点的支路

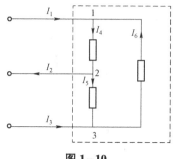

图 1-10

以上三式相加，得：

$$i_1 + i_3 = i_2 \qquad (1-13)$$

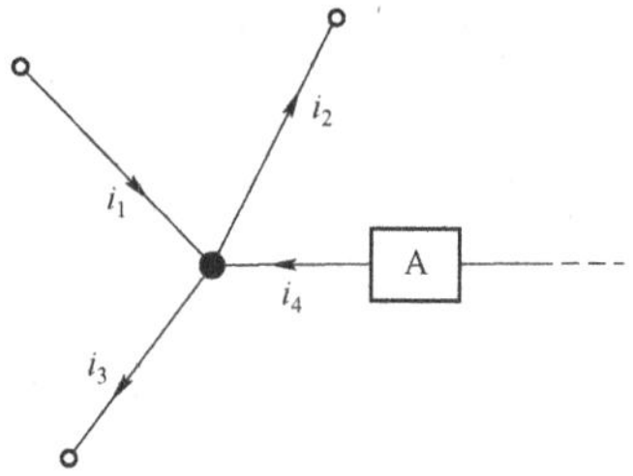

可见，流入或流出一个封闭曲面的各支路电流的代数和恒为零，此即广义的 KCL 方程。

例 1-3 在图 1-11 所示的某复杂电路的一个节点处，已知 $i_1 = 5\,\mathrm{A}$，$i_2 = 2\,\mathrm{A}$，$i_3 = -3\,\mathrm{A}$，试求流过元件 A 的电流 i_4。

解 i_1、i_2、i_3、i_4 是汇集于该节点的所有支路电流，满足 KCL，线性相关，已知其中任何 3 个电流，即可确定另一电流。为此，必须先正确列出节点的 KCL 方程。设 i_4 的参考方向如图中所示，由 KCL 得：

$$-i_1 + i_2 + i_3 - i_4 = 0$$

即

$$i_4 = -i_1 + i_2 + i_3 = -5\,\mathrm{A} + 2\,\mathrm{A} + (-3\,\mathrm{A}) = -6\,\mathrm{A}$$

负号表示 i_4 的实际方向与参考方向相反。

图 1-11 例 1-3 图

通过这个例 1-3 可看到，在运用 KCL 时常需和两套符号打交道。其一是方程中各项前的正、负号，其取决于电流参考方向与节点的相对关系；另一是电流数值本身的正、负号。两者不要混淆。

1.2.2 基尔霍夫电压定律

基尔霍夫定律有两条，上面讲的是基尔霍夫电流定律，它表明了电路中各支路电流之间必须遵守的规律，这一规律体现在电路中的各个节点上。另外一条是**基尔霍夫电压定律**（**Kirchhoff's Voltage Law，KVL**），它表明电路中各支路电压之间必须遵守的规律，体现在电路的各个回路中。

KVL 的内容可表述为：在集总参数电路中，任一时刻，任一回路的各支路电压的代数和恒为零，即

$$\sum_{k=1}^{n_0} u_k = 0 \qquad (1-14)$$

其中，n_0 为该回路中的支路数，u_k 为沿该回路的第 k 条支路的电压。其内容也可以表述为：任一时刻，任一回路的各支路的电位升等于电位降，即

$$\sum u_{升} = \sum u_{降} \qquad (1-15)$$

在列写 KVL 方程时，首先应选定回路的绕行方向，支路电压的参考极性与回路绕行方向一致的取"+"号，支路电压的参考极性与回路绕行方向相反的取"-"号。

如图 1-12 所示，设回路绕行方向为顺时针，则 KVL 方程为

$$u_1 - u_2 - u_3 + u_4 + u_5 = 0 \qquad (1-16)$$

即

$$u_1 + u_4 + u_5 = u_2 + u_3 \qquad (1-17)$$

上式中，方程左边电位降之和等于方程右边电位升之和。

从能量守恒定律来分析，单位电荷沿回路绕行一周，所获得的能量必须等于所失去的能量。因此在闭合回路中电位升必然等于电位降，即一个闭合回路中各支路电压的代数和为零。

1.2.3 KCL、KVL 方程的独立性

KCL 是电荷守恒法则运用于集总参数电路的结果；KVL 是能量守恒法则和电荷守恒法则运用于集总参数电路的结果。二者分别表明支路电流之间及支路电压之间的约束关系。这些约束关系与构成电路的元件性质无关，即无论是电阻、电容、电感还是电源，也无论是线性元件还是非线性元件，KCL、KVL 只与电路的拓扑结构有关，而与支路特性无关。

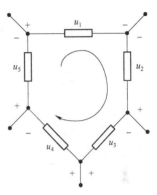

图 1-12 基尔霍夫电压定律

电路中的节点和支路的数量之间存在一些关系，若电路的支路数是 b，节点数是 n，则：

（1）独立节点数是 $(n-1)$。

（2）可列出 $(n-1)$ 个独立的 KCL 方程。

（3）可列出 L 个独立的 KVL 方程，设 $L = b - (n-1) = b - n + 1$。

例 1-4 图 1-13 所示电路有 4 个节点、6 条支路，依次对 a、b、c、d 四个节点运用 KCL 可得：

$$\begin{cases} i_1 + i_2 + i_3 = 0 \\ -i_1 - i_6 + i_4 = 0 \\ -i_2 - i_4 + i_5 = 0 \\ -i_3 - i_5 + i_6 = 0 \end{cases}$$

将这 4 个方程相加，结果为 $0 = 0$，说明方程组不独立，实际上任意舍去一个方程，余下的方程就是独立的了。

例 1-5 图 1-14 中共有 4 个网孔，对各个网孔的回路依次运用 KVL 可得：

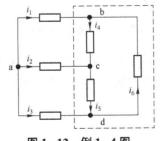

图 1-13 例 1-4 图

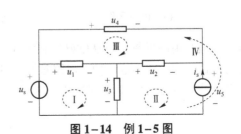

图 1-14 例 1-5 图

$$\begin{cases} u_1 + u_3 - u_s = 0 \\ u_2 + u_5 - u_3 = 0 \\ u_4 - u_2 - u_1 = 0 \\ u_s - u_5 - u_4 = 0 \end{cases}$$

同样地，将这 4 个方程相加，结果为 0=0，说明方程组不独立。对于 KVL 来说，有几个网孔，就可以列几个 KVL 方程，去掉一个方程组就是独立的。

1.3　电路元件与电路的等效变换

1.3.1　电阻电路的等效变换

1. 电阻元件

电阻元件是从实际电阻器抽象出来的模型，如电灯、烙铁、电动机等耗电部件，只反映电阻器对电流呈现阻力的性能，如图 1-15 所示，可由欧姆定律定义，即

$$R = \frac{u(t)}{i(t)} \text{或} u(t) = Ri(t) \tag{1-18}$$

式中 u 为电阻元件两端的电压，单位为伏（V）；i 为流过电阻元件的电流，单位为安（A）；R 为电阻，单位为欧（Ω）。R 为常数，故 u 与 i 成正比。所以，由欧姆定律定义的电阻元件称为线性电阻元件。

欧姆定律体现了电阻器对电流呈现阻力的本质。对电流既有阻力，电流要流过，就必然要消耗能量，因此，沿电流流动方向就必然会出现电压降，欧姆定律表明这一电压降的大小，其值为电流与阻力的乘积。由于电流与电压降的方向总是一致的，所以只有在关联参考方向的前提下才可以运用式（1-18）。如为非关联参考方向，则应该用

$$u(t) = -Ri(t) \tag{1-19}$$

如果把电阻元件的电压取为纵坐标（或横坐标），把电流取为横坐标（或纵坐标），可绘出 $i-u$ 平面（或 $u-i$ 平面）上的曲线，如图 1-16 所示，称为电阻元件的伏安特性曲线。显然电阻元件的伏安特性曲线是一条经过坐标原点的直线，电阻值可由直线的斜率确定。

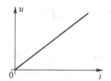

图 1-15　电阻元件　　　　　图 1-16　电阻元件的伏安特性曲线

电压与电流是电路的标量，从欧姆定律［式（1-18）］可知，线性电阻元件可以用电阻 R 来表征它的特性，因此，R 是一种"电路参数"。电阻元件也可以用另一个参数——电导来表征，电导用符号 G 来表示，其定义式为

$$G = \frac{1}{R} \tag{1-20}$$

在国际单位制中，电导的单位是西门子，简称西（S）。

由电阻元件的伏安特性曲线可以看到：在任一时刻，线性电阻元件的电压（或电流）是由同一时刻的电流（或电压）决定的。也就是说，线性电阻元件的电压（或电流）不能"记忆"电流（或电压）在"历史"上起过的作用，此即线性电阻元件的无记忆性。这一特征适用于所有的电阻元件，正是由于这个特征，电阻元件连同具有记忆特征的动态元件形成了两大类型的集总参数电路。

2. 电阻元件的串联

如图 1-17 所示，根据 KVL 和欧姆定律可写出：

$$u = u_1 + u_2 = R_1 i + R_2 i = (R_1 + R_2)i = Ri \tag{1-21}$$

$$R = R_1 + R_2 \tag{1-22}$$

研究电阻的分压关系，则有：

$$u_1 = R_1 i = \frac{R_1}{R_1 + R_2} u \tag{1-23}$$

$$u_2 = R_2 i = \frac{R_2}{R_1 + R_2} u \tag{1-24}$$

由以上两式联立可得：

$$\frac{u_1}{u_2} = \frac{R_1}{R_2} \tag{1-25}$$

结论：若 $R_1 > R_2$，则 $u_1 > u_2$，即电阻值越大，分压越大。

若有 n 个电阻串联（如图 1-18 所示），则等效电阻为

$$R = R_1 + R_2 + \cdots + R_n \tag{1-26}$$

电阻的分压关系可表示为

$$u_k = \frac{R_k}{R} u (k = 1, 2, 3 \cdots, n) \tag{1-27}$$

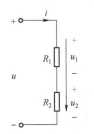　　　　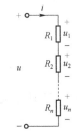

图 1-17　串联电阻的分压关系　　　　图 1-18　n 个电阻串联的分压关系

3. 电阻元件的并联

如图 1-19（a）所示，电路的等效电阻为

$$R = \frac{R_1 R_2}{R_1 + R_2} \tag{1-28}$$

结合欧姆定律研究并联电阻的分流关系，则有：

$$i_1 = \frac{u}{R_1} = \frac{R}{R_1}i = \frac{R_2}{R_1 + R_2}i \tag{1-29}$$

$$i_2 = \frac{u}{R_2} = \frac{R}{R_2}i = \frac{R_1}{R_1 + R_2}i \tag{1-30}$$

以上两式相比，可得：

$$\frac{i_1}{i_2} = \frac{R_2}{R_1} \tag{1-31}$$

结论：若 $R_1 > R_2$，则 $i_1 < i_2$，即电阻值越大，分流越小。

图 1-19 电阻元件的并联

若有 n 个电阻并联，则用电导 G 表示比较方便，如图 1-20 所示。

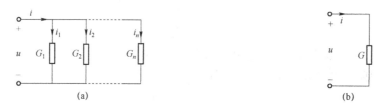

图 1-20 n 个电阻元件的并联

那么图 1-20（a）所示的等效电导为

$$G = \frac{i}{u} = G_1 + G_2 + \cdots + G_n \tag{1-32}$$

则电导的分流关系为

$$i_k = G_k u = \frac{G_k}{G}u(k = 1, 2, 3 \cdots, n) \tag{1-33}$$

例 1-6 计算图 1-21 所示无源二端电阻网络 ab 的等效电阻。

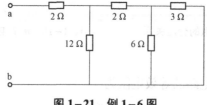

图 1-21 例 1-6 图

解 电路中 6 Ω 电阻和 3 Ω 电阻是并联关系，这个并联部分的电路可以用一个电阻 R_1 来等效：

$$R_1 = 6 \| 3 = \frac{6 \times 3}{6+3} = 2\,(\Omega)$$

电阻 R_1 和与其串联的 2 Ω 电阻又可以等效为 R_2：

$$R_2 = R_1 + 2 = 2 + 2 = 4\,(\Omega)$$

电阻 R_2 与 12 Ω 电阻是并联关系，这条并联支路又可以等效为 R_3：

$$R_3 = R_2 \| 12 = 4 \| 12 = \frac{4 \times 12}{4+12} = 3\,(\Omega)$$

电阻 R_3 与 2 Ω 电阻是串联关系，所以 ab 间的等效电阻为 5 Ω，即

$$R_{ab} = R_3 + 2 = 3 + 2 = 5\,(\Omega)$$

4. 电阻的混联

实际的电路中多为电阻的混联，即多种连接方式共同存在。

例 1–7　电阻网络如图 1–22 所示，求 R_{AB}。

解　图示的电阻显然不便于计算，首先要将网络整理，如图 1–23 所示。

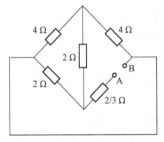

图 1–22　电阻的混联

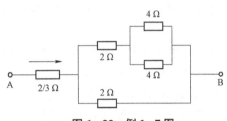

图 1–23　例 1–7 图

再用串并联等效方法即可求出 R_{AB}：

$$R_{AB} = \frac{2}{3} + \frac{2 \times 4}{2+4} = 2\,(\Omega)$$

1.3.2　含独立源电路的等效转换

1. 理想电源

1）电压源

理想电压源（以下简称"电压源"）是从实际电源抽象出来的一种模型。在理想情况下，电源本身没有能量损耗，它具有两个基本性质：

（1）它的端电压是定值 U_S 或一定的时间函数 $u_S(t)$，与流过的电流无关。当电流为零时，其两端仍有电压 U_S 或 $u_S(t)$。

（2）电压源的电压是由它本身决定的，电流随负载的变化而变化。

在 u–i 平面上，电压源在时刻 t_1 的伏安特性曲线是一条平行于 i 轴且纵坐标为 $u_S(t_1)$ 的直线，如图 1–24 所示，其表明电压源端电压与电流大小无关。图 1–25 所示为电压源的符号。

需要注意：当 $R = \infty$ 时，电压源开路且开路电压等于电压源电压；当 $R = 0$ 时，电压源短路，与电压源特性矛盾，电路无意义。

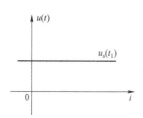

图1-24 电压源在t_1时刻的伏安特性曲线

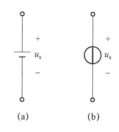

图1-25 电压源的符号

（a）直流电压源；（b）一般电压源

　　理想电压源实际是不存在的，但通常的电池、发电机等实际电源在一定电流范围内可近似看成一个电压源。也可以用电压源与电阻元件构成实际电源的模型，后面将讨论这个问题。

　　2）电流源

　　理想电流源（以下简称"电流源"）是从实际电源抽象出来的另一种模型。人们对电压源较易理解并熟悉，对电流源则感到生疏。电压源是一种能产生电压的装置，而电流源则是一种能产生电流的装置。在一定条件下，光电池在一定照度的光线照射时就被激发产生一定值的电流，该电流与光线的照度成正比。由此可以定义一种理想元件，从其端口总能向外提供一定的电流而不论其两端的电压为多少，这种元件称为电流源。因此，电流源有两个基本性质：

　　（1）它发出的电流是定值I_S或一定的时间函数$i_S(t)$，与其两端的电压无关。当电压为零时，它发出的电流仍为I_S或$i_S(t)$。

　　（2）电流源的电流是由它本身决定的，其端电压随负载的变化而变化。

　　在u–i平面上，电流源在时刻t的伏安特性曲线是一条平行于u轴且纵坐标为$i_S(t_1)$的直线，如图1-26所示，其表明电流源端电流与端电压大小无关。图1-27所示为电流源的符号。

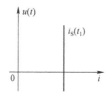

图1-26 电流源在t_1时刻的伏安特性曲线

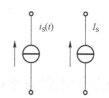

图1-27 电流源的符号

　　同样的，需要注意的是：当$R=\infty$时，电流源开路，与电流源特性矛盾，电路无意义；当$R=0$时，电流源短路，短路电流等于电流源电流。

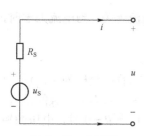

图1-28 电压源

　　电流源实际上是不存在的，但光电池等实际电源在一定的电压范围内可以近似地看成一个电流源。也可用电流源与电阻元件构成实际电源的模型，后面将讨论这个问题。电流源也可以用电子电路来实现。

　　2. 实际电路两种模型的互相等效转换

　　1）电压源

　　图1-28为电压源，由图可得电压源输出电压与输出电流的关系为

$$u = u_S - R_S i \tag{1-34}$$

$$i = \frac{u_S}{R_S} - \frac{u}{R_S} \tag{1-35}$$

由以上两式可以得出以下结论：

（1）当 $R_S = 0$ 时，理想电压源 $u = u_S$。

（2）当图 1-28 所示的电压源与负载为 R 的外电路相连时，若外电路开路，即 $i = 0$ 时，则开路电压 $u_{OC} = u_S$。

（3）若外电路短路，即 $u = 0$ 时，短路电流 $i_{SC} = \dfrac{u_S}{R_S}$。

2）电流源

图 1-29 所示为电流源，由图可得电流源输出电流与输出电压的关系为：

$$i = i_S - \frac{u}{R_S'} \tag{1-36}$$

$$u = i_S R_S' - i R_S' \tag{1-37}$$

由以上两式可以得出以下结论：

（1）当 $R_S' = \infty$ 时，理想电流源 $i = i_S$。

（2）当图 1-29 所示的电流源与负载为 R 的外电路相连时，若外电路短路，即 $u = 0$ 时，短路电流 $i_{SC} = i_S$。

（3）若外电路开路，即 $i = 0$ 时，开路电压 $u_{OC} = R_S' i_S$。

3）电压源与电流源的等效互换

前面介绍了电压源模型和电流源模型，对外电路而言，这两种电路是可以等效互换的。由式（1-36）及式（1-37）可知，若

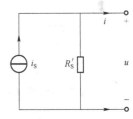

图 1-29　电流源

$$R_S = R_S' \ \text{且} \ u_S = i_{SC} R_S = i_S R_S \tag{1-38}$$

则两个电路等效，上式即两种电源模型的等效条件。转换后如图 1-30 所示。

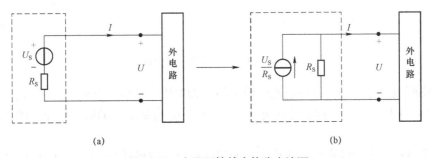

(a)   (b)

图 1-30　电压源等效变换为电流源

(a) 电压源；(b) 电流源

电压源转化为电流源时，$R_S = R_S$，$i_{SC} = \dfrac{u_S}{R_S}$。

电流源转化为电压源时，如图 1-31 所示，$R_S = R_S$，$u_S = R_S i_S$。

在电源模型等效互换时应注意以下几点：

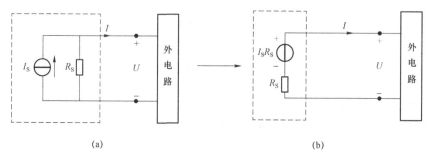

图1-31　电流源等效变换为电压源

（a）电流源；（b）电压源

（1）电源模型的等效互换只对外电路等效，对电源内部不等效。

（2）在变换时，须使电流源电流流出的一端与电压源的正极相对应。

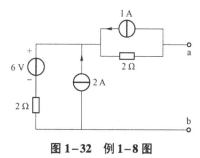

图1-32　例1-8图

（3）理想电压源和理想电流源之间不能等效互换，因为不存在等效关系。

利用电源模型的等效互换，可使一些复杂电路的计算简化，这是一种很实用的电路分析方法。

例1-8　应用电源模型等效给出图1-32所示电路的最简等效电路。

解　首先将右侧的电流源模型转化为电压源模型，同时左侧的电压源模型转化为电流源模型，以便与中间的电流源叠加，如图1-33（a）所示。

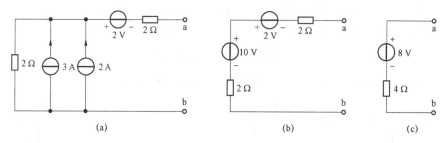

图1-33　电源模型等效过程

然后将两电流源叠加，并将电流源模型转化为电压源模型，以便于右侧的电压源模型叠加，如图1-33（b）所示。最后将两电压源模型叠加，得到最终的等效电路，如图1-33（c）所示。

在转换过程中既要注意参数的计算，又要注意电压源极性和电流源方向的关系。

1.4　直流电路及基本分析法

1.4.1　支路电流法

支路电流法是以电路中各支路电流为独立求解变量，应用KCL、KVL及元件参数列出独立方程，并解得全部支路的电流与电压的方法。应用支路电流法分析计算电路的一般步骤如下：

（1）选定各支路电流的参考方向。

（2）选定 $n-1$ 个独立节点，列出其 KCL 方程。

（3）选定 $b-(n-1)$ 个回路，标出回路的绕行方向，列出 KVL 方程。

（4）联立求解上述方程，得到 b 个支路电流。

（5）求解其他待求量。

例 1-9　用支路电流法计算图 1-34 所示的各支路电流。其中已知 $R_1=10\ \Omega$、$R_2=3\ \Omega$、$R_3=12\ \Omega$、$R_S=2\ \Omega$、$u_{S1}=12\ V$、$u_{S2}=5\ V$。

根据电路图可列出一个独立的 KCL 方程和两个独立的 KVL 方程：

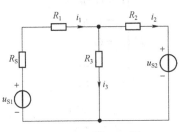

图 1-34　例 1-9 图

$$\begin{cases} i_1 = i_2 + i_3 \\ R_1 i_1 + R_3 i_3 - u_{S1} + R_S i_1 = 0 \\ R_2 i_2 + u_{S2} - R_3 i_3 = 0 \end{cases}$$

将以上方程组整理得：

$$\begin{cases} (R_1 + R_S)i_1 + R_3 i_3 = u_{S1} \\ R_2(i_1 - i_3) - R_3 i_3 = -u_{S2} \end{cases}$$

代入参数值得：

$$\begin{cases} 12i_1 + 12i_3 = 12 \\ 3(i_1 - i_3) - 12i_3 = -5 \end{cases}$$

最后求解得到各支路电流：

$$i_1 = \frac{5}{9}\ A,\ i_2 = \frac{1}{9}\ A,\ i_3 = \frac{4}{9}\ A$$

应用支路电流法求解 b 条支路的支路电流，需要解 b 个方程的方程组，当电路的支路比较多、结构比较复杂时，求解过程就会变得相当烦琐，这是支路电流法的缺点。

1.4.2　节点电压法

节点电压法是以独立电压为变量，应用 KCL 列出方程并求解电路的方法。其一般步骤用以下例题来说明。

例 1-10　列出图 1-35（a）所示电路的节点电压方程。

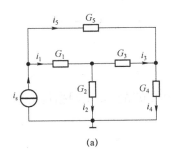

(a)

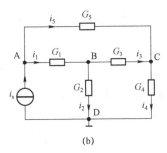

(b)

图 1-35　例 1-10 图

（1）选择电路中的某一节点为参考点，令其电位为零。如图 1-35（b），选定参考点 D，令 $U_D=0$，u_A、u_B、u_C 为独立变量。

（2）列出独立节点的 KCL 方程，设流出为正，即

$$① \begin{cases} i_1 + i_5 - i_S = 0 \\ i_2 - i_1 + i_3 = 0 \\ -i_3 + i_4 - i_5 = 0 \end{cases}$$

（3）用节点电压将各支路电流表示出来，即

$$② \begin{cases} i_1 = G_1(u_A - u_B) \\ i_2 = G_2 u_B \\ i_3 = G_3(u_B - u_C) \\ i_4 = G_4 u_C \\ i_5 = G_5(u_A - u_C) \end{cases}$$

（4）将方程组②代入方程组①，整理合并，把 u_A、u_B、u_C 按规律排列整齐，即得到以节点电压为变量的方程组：

$$③ \begin{cases} (G_1 + G_5)u_A - G_1 u_B - G_5 u_C = i_S \\ -G_1 u_A + (G_1 + G_2 + G_3)u_B - G_3 u_C = 0 \\ -G_5 u_A - G_3 u_B + (G_3 + G_4 + G_5)u_C = 0 \end{cases}$$

也可以直接从电路列写节点电压方程组，从而避免 KCL 方程错误或者方程组整理错误造成前功尽弃。从方程组③可以看出节点电压 u_A、u_B、u_C 的系数行列式关于主对角线对称。

下面给出**直接列写节点电压方程组**的规则：

方程左边：连接本节点的各支路电导（自电导）之和同本节点电压的乘积，设为正。各相邻节点与本节点之间公共支路电导（互电导）同相邻节点电压的乘积，各项为负。

方程右边：流入本节点的电流源电流的代数和，即流入为正，流出为负。

例 1-11 已知电路的参数如图 1-36（a）所示，列出电路的节点电压方程。

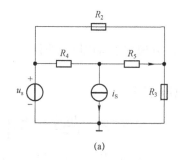
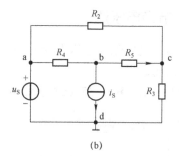

(a)　　　　　　　　　　　(b)

图 1-36　例 1-11 图

解　如图 1-36（b）所示，设 $u_d = 0$，u_a、u_b、u_c 为独立节点，则根据规则有：

$$\left(\frac{1}{R_4} + \frac{1}{R_5}\right) \times u_b - \frac{1}{R_4} \times u_a - \frac{1}{R_5} \times u_c = -i_S$$

$$\left(\frac{1}{R_2}+\frac{1}{R_3}+\frac{1}{R_5}\right)\times u_c -\frac{1}{R_2}\times u_a -\frac{1}{R_5}\times u_b =0$$

其中，$u_a = u_S$，不必列方程。

特殊问题的处理方式如下：

（1）与电流源串联的电导不应计入自电导或互电导。

（2）电路中有理想电压源时，在选择参考点时尽量选在电压源的一端，以减少变量；或者将其电路支路电流变量列入方程（即替代电流源处理），再加列辅助方程。

（3）对受控源先按独立电源处理，再用节点电压把控制量表示出来，整理合并，此时方程组的系数行列式不再关于主对角线对称。

1.5　电 路 定 理

1.5.1　叠加定理

由线性元件及独立电源组成的电路为线性电路。独立电源是电路的输入，对电路起着激励的作用。电压源的电压，电流源的电流与所有其他元件的电压、电流相比，扮演着完全不同的角色，后者只是激励引起的响应，在线性电路中，响应与激励之间存在着线性关系。

叠加定理是线性电路分析中的一个重要定理，它反映了线性电路的一个基本性质，即线性或可叠加性。

叠加定理的内容可表述为：在任何线性元件、线性受控源和独立电源组成的电路中，所有独立电源同时作用在某一支路上产生的电流（或电压），等于电路中每个独立电源单独作用在该支路产生电流（或电压）的代数和。所谓"每个独立电源单独作用"是指，当一个独立电源作用时其他独立电源应为零值，即独立电压源用短路代替，独立电流源用开路代替，内阻保留。

例 1-12　如图 1-37（a）所示，已知 $u_S = 9$ V，$i_S = 3$ A，$R_1 = 3\ \Omega$，$R_2 = 6\ \Omega$，用叠加定理求 i_1、i_2、u_1、u_2，并求出 R_1 的消耗功率，讨论是否可用叠加定理求功率。

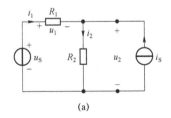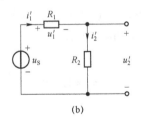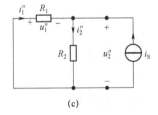

（a）　　　　　　　　　　　（b）　　　　　　　　　　　（c）

图 1-37　例 1-12 图

解　首先求电压与电流。

（1）当 u_S 单独工作时，令 i_S 为零，即将 i_S 断开，如图 1-37（b）所示。由此得：

$$i_1' = i_2' = \frac{u_S}{R_1 + R_2} = 1\ \text{A}$$

$$u_1' = R_1 i_1' = 3\ \text{V}$$

$$u_2' = R_2 i_2' = 6 \text{ V}$$

（2）当i_S单独作用时，令u_S为零，即将u_S短路，如图1-37（c）所示。由此可得：

$$i_1'' = -\frac{R_2 i_S}{R_1 + R_2} = -2 \text{ A}$$

$$i_2'' = \frac{R_1 i_S}{R_1 + R_2} = 1 \text{ A}$$

$$u_1'' = R_1 i_1'' = -6 \text{ V}$$

$$u_2'' = R_2 i_2'' = 6 \text{ V}$$

由步骤（1）和（2）求得了每个电源独立作用下的电压和电流值，此时根据叠加定理，将所求得的值进行代数求和即可得所求，即

$$i_1 = i_1' + i_2'' = 1 + (-2) = -1 \,(\text{A})$$

$$i_2 = i_2' + i_2'' = 1 + 1 = 2 \,(\text{A})$$

$$u_1 = u_1' + u_1'' = 3 + (-6) = -3 \,(\text{V})$$

$$u_2 = u_2' + u_2'' = 6 + 6 = 12 \,(\text{V})$$

求功率。

$$P_1 = i_1^2 R_1 = (-1)^2 \times 3 = 3 \,(\text{W})$$

需要注意的是：$P_1'' = i_1''^2 R_1 = (-2)^2 \times 3 = 12 \,(\text{W})$，$P_1' = i_1'^2 R_1 = 1^2 \times 3 = 3 \,(\text{W})$，很显然 $P_1 \neq P_1' + P_2'$。

从本例可以看到，由于$P_1 = i_1^2 R_1$，即功率与电流为非线性关系，所以功率的计算不符合叠加定理。一般由叠加方法求得电流、电压后再计算功率。

例1-13 持续上例，试求两电源对该电路提供的总功率。

方法一： 由上例计算结果可得：

$$i_1 = -1 \text{ A}$$

故电压源功率为

$$-u_S i_1 = -(9 \text{ V})(-1 \text{ A}) = 9 \text{ W}$$

电压源消耗功率9 W，即对电路提供功率-9 W。

又电流源端电压为

$$u_2 = 12 \text{ V}$$

故得电流源功率为

$$-i_S u_2 = -(3 \text{ A})(12 \text{ V}) = -36 \text{ W}$$

电流源提供功率36 W。

在以上计算中，由于电压、电流为非关联方向，故功率计算公式前带负号。两电源对电路提供的总功率为

$$36 \text{ W} - 9 \text{ W} = 27 \text{ W}$$

方法二： 从另一角度来计算。电压源单独作用时，由图1-37（a）可知：

$$i_1' = i_2' = 1\ \text{A}$$

电压源功率为

$$-u_s i_1' = -(9\ \text{V}) \cdot (1\ \text{A}) = -9\ \text{W}$$

电压源对电路提供功率 9 W。

电流源单独作用时，由图 1−37（c）可知电流源功率为

$$-u_2'' i_s = -(6\ \text{V})(3\ \text{A}) = -18\ \text{W}$$

电流源对电路提供功率 18 W。

两电源对电路提供的总功率为

$$9\ \text{W} + 18\ \text{W} = 27\ \text{W}$$

与方法一的结果一致。

由此可见：电源对电路提供的总功率等于电压源单独作用时对电路提供的功率和电流源单独作用时对电路提供的功率的总和。这对不含受控源的线性电路是一个普遍规律，且可以延伸为电压源组（即多个电压源）和电流源组（即多个电流源）各自提供功率额的叠加。

1.5.2　戴维南定理

在某些实际问题中只需计算电路中某一支路的电压和电流，而无须计算其他支路的电压和电流。在这种情况下，如能求出待求支路以外的有源二端线性网络的最简等效电路，并用它代替原电路中的有源二端网络来求响应，要比在原电路中直接求响应方便得多。有源二端线性网络的最简等效电路有两种形式，一种是实际电源的电压源模型，另一种是实际电源的电流源模型。这两种模型统称为**等效电源模型**，与模型相关的定理又称为**等效电源定理**。将有源二端线性网络等效为实际电源的电压源模型的定理称为**戴维南定理**；将有源二端线性网络等效为实际电源的电流源模型的定理称为**诺顿定理**。下面分别加以介绍。

戴维南定理的内容为：任何一个有源二端线性网络就其外部性能来说，可以用一个实际电压源的模型（理想电压源与电阻的串联组合）等效代替，电压源的电压等于原有源二端线性网络的开路电压，与电压源串联的内阻等于原有源二端线性网络内所有独立源为零时的输出端等效电阻。

例 1−14　求图 1−38 所示电路的戴维南等效电路。

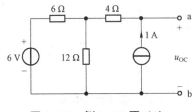

图 1−38　例 1−14 图（1）

解　求开路电压 u_{OC}。用叠加定理，如图 1−39 所示。

图 1−39（b）中电流源开路，电压源单独作用，$u_{OC}' = 6 \times \dfrac{12}{12+6} = 4\ (\text{V})$。图 1−39（c）中电压源短路，电流源单独作用，$u_{OC}'' = 1 \times (4 + 12 \| 6) = 8\ (\text{V})$。

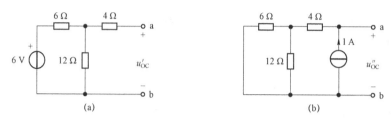

图1-39 例1-14图（2）

那么根据叠加定理，开路电压为

$$u_{OC} = u'_{OC} + u''_{OC} = 4 + 8 = 12 \ (V)$$

求等效电阻 R_o。如图1-40所示，有：

$$R_o = 4 + 12 \parallel 6 = 8 \ (\Omega)$$

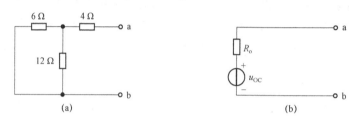

图1-40 例1-14图（3）

戴维南等效电路如图1-40（b）所示，其中 $R_o = 8 \ (\Omega)$ ，$u_{OC} = 12 \ V$ 。

1.5.3 诺顿定理

已知实际电源的电压源模型和电流源模型之间可以进行等效转换，那么有源二端线性网络也可以用实际电源的电流源模型作等效电路，即**诺顿定理**。诺顿定理是有源二端线性网络的并联型等效电路定理，定理的内容为：任何一个有源二端线性网络就其外部性能来说，可以用一个电流源和电阻并联的支路等效代替，如图1-41所示。电流源的电流等于原有源二端线性网络的短路电流，与电流源并联的电阻的值等于原有源二端线性网络独立源置零之后的等效电阻。

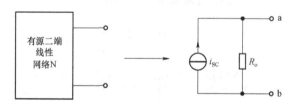

图1-41 有源二端线性网络N等效电流源模型

求一个有源二端线性网络的诺顿等效电路的关键在于正确求出它的短路电流 i_{SC} 和等效电阻 R_o 。所谓短路电流是指外电路（负载）短路后流过短路导线的电流，等效电阻是指将原有源二端线性网络除去独立源变为无源二端线性网络后（独立电压源短路，独立电流源开路，保留受控源）的输入端等效电阻。

一般地，求诺顿等效电流有两种方法。其一，直接从有源二端线性网络N求得；其二，可以由戴维南等效电路转化为诺顿等效电路，如图 1-42 所示。其中，$i_{SC} = \dfrac{u}{R_o}$。

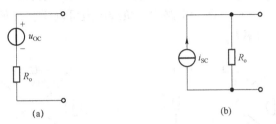

图 1-42　戴维南等效电路和诺顿等效电路的转化示意

（a）戴维南等效电路；（b）诺顿等效电路

1.5.4　最大功率传输定理

如图 1-43 所示，在任一时刻，流过 R_L 的电流为

$$I = \frac{U_S}{R_S + R_L} \tag{1-39}$$

那么 R_L 获得的功率为

$$P = I^2 R_L = \frac{U_S^2 R_L}{(R_S + R_L)^2} \tag{1-40}$$

设 R_L 为变量，对上式求一阶导数并设为零，即

$$\frac{\mathrm{d}P}{\mathrm{d}R_L} = 0 \tag{1-41}$$

可求出当 $R_L = R_S$ 时可获得最大功率，负载 R_L 的功率曲线如图 1-44 所示。

$$P_{max} = I^2 R_L = \frac{U_S^2 R_L}{(R_S + R_L)^2} = \frac{U_S^2}{4R_S} \tag{1-42}$$

如用诺顿等效电路，则

$$P_{max} = \frac{i_{SC}^2}{4G} \tag{1-43}$$

因此，由含源线性单口网络传递给可变负载 R_L 的功率最大的条件是：负载 R_L 应与戴维南（或诺顿）等效电阻相等，此即**最大功率传输定理**。

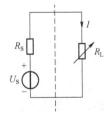

图 1-43　连接外电路负载为 R_L 的线性网络

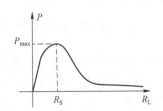

图 1-44　负载 R_L 的功率曲线

注意：最大功率传输定理是在 R_L 可变的情况下得出的。如果 R_S 可变而 R_L 固定，则应使 R_S 尽量减小，才能使 R_L 获得的功率增大。当 $R_S = 0$ 时，R_L 获得最大功率。

例 1-15 在图 1-45（a）所示电路中，负载电阻可以任意改变，R_L 等于多大时可获得最大功率？求出该最大功率 P_{max}。

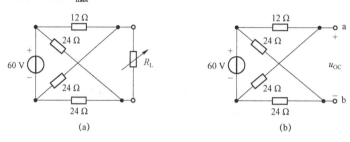

图 1-45 例 1-15 图（1）

解 求开路电压 u_{OC}。首先将 R_L 断开，并设 u_{OC} 如图 1-45（b）所示。由电阻串联分压关系及两点间电压的基本概念，易求得：

$$u_{OC} = \frac{24}{12+24} \times 60 - \frac{24}{24+24} \times 60 = 10（V）$$

求等效内阻 R_S。将图 1-45（b）变为图 1-46（a），由电阻串并联等效，得：

$$R_S = 24 \parallel 24 + 24 \parallel 12 = 20（\Omega）$$

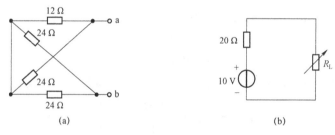

图 1-46 例 1-15 图（2）

由最大功率传输定理可知，当 $R_L = R_S = 20$ Ω 时，可获得最大功率。此时

$$P_{max} = \frac{u_{OC}^2}{4R_S} = \frac{10^2}{4 \times 20} = 1.25（W）$$

需要注意，求等效电路时应先将负载开路，再应用戴维南定理（或诺顿定理）将电路简化，此时负载和等效电阻相等时得到最大功率传输。

1.5.5 受控源及含受控源电路的分析

受控源是一种电路模型，是实际存在的电子器件，如晶体管、运算放大器及变压器等，它们均具有输入端的电压（电流）能控制输出端的电压或电流的特点。

受控源是一种双口元件，它含有两条支路，一条为控制支路，这条支路或为开路或为短路，另一条为受控支路，这条支路或用一个受控"电压源"表明其电压受控制的性质或用一个受控"电流源"表明其电流受控制的性质。这两种电源并非严格意义上的电源，只是一种借用。电源代表外界对电路施加的影响或约束，如信号源，而受控源只是表明电路内部电子器件中所发生的物理现象的一种模型，它只是表明电压、电流"转移"关系的一种方式而已。当受控源从电路中取出之后，将失去受控源的含义。

受控源用菱形符号表示。根据控制支路是开路还是短路和受控支路是电压源还是电流源，受控源可分为 4 种，如图 1-47 所示。

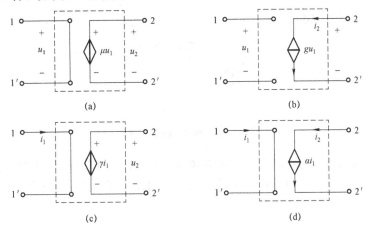

图 1-47 4 种受控源

（a）电压控制电压源；（b）电压控制电流源；（c）电流控制电压源；（d）电流控制电流源

当图 1-47 中的 μ、g、γ、α 是常数时，受控源是线性元件，其电压、电流关系以代数方程的形式出现，所以电阻电路分析，包括线性受控源分析。

例 1-16 求出图 1-48 所示电路的等效电路。

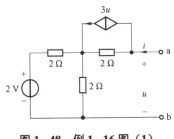

图 1-48 例 1-16 图（1）

解 根据独立源等效转换规则，将受控源及其他支路等效为图 1-49（a）所示电路，再进一步等效为图 1-49（b）所示电路。

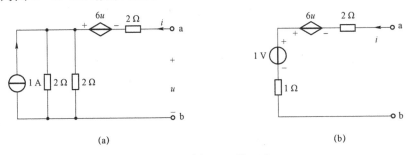

图 1-49 例 1-16 图（2）

由图 1–49（b）可写出伏安关系式

$$u = 3i - 6u + 1$$

即

$$u = \frac{3}{7}i + \frac{1}{7}$$

画出等效电路，如图 1–50 所示。

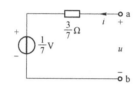

图 1–50　例 1–16 图（3）

　　受控源的电压源模型与电流源模型可以像独立源一样互相转换，分析含受控源的电路时，可先按独立电源处理，最后设法把控制量求出，则问题得解。因此在进行电路等效变换时，注意保留受控源的控制量。

第 2 章
正弦交流稳态电路

本章主要介绍正弦交流稳态电路的分析方法。内容包括正弦信号及其相量表示，正弦交流电路中电阻、电感、电容元件的伏安特性及其相量形式，阻抗与导纳，正弦交流稳态电路分析的一般方法。

前面研究的电路都是在直流电源作用下的稳态电路，其特点是激励和响应都是常数。本章介绍在单一频率正弦交流激励下的线性电路，电路的激励和响应的大小以及方向都随着时间的变化而变化。正弦交流稳态电路的分析由于涉及三角函数的运算而显得相对复杂，但在采用复数代替正弦量进行运算之后，正弦交流稳态电路的分析变得和直流稳态电路的分析一样简单。

2.1 正 弦 信 号

2.1.1 正弦信号

1. 周期信号

在介绍正弦信号之前，先介绍周期信号。周期信号是指瞬时幅值随时间重复变化的信号。常见的周期信号有脉冲信号、正弦信号等，如图 2-1 所示。

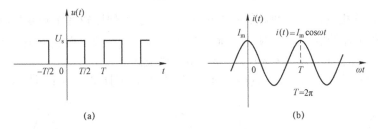

图 2-1 常见的周期信号

周期信号涉及 3 个参数，分别是周期、频率及平均值。

(1) 周期：重复一次所需的时间，用 T 表示，单位为秒（s）。

(2) 频率：单位时间内重复的次数，用 f 表示，单位为赫兹（Hz）。周期与频率互为倒数，即

$$T = \frac{1}{f} \tag{2-1}$$

图 2-1 （b）中，参数为角频率，用 ω 表示代表相位角随时间的变化率，单位为弧度/秒（rad/s），角频率 ω 与频率 f 之间的关系为

$$\omega = 2\pi f \tag{2-2}$$

（3）平均值：信号的平均值等于一个周期的平均值，其计算方法为

$$\overline{F} = \frac{1}{T}\int_t^{t+T} f(t)\mathrm{d}t = \frac{1}{T}\int_0^T f(t)\mathrm{d}t \tag{2-3}$$

2. 正弦信号及其 3 个特征量

随时间呈正弦或余弦规律变化的电流或电压，统称为正弦信号。如前所述，正弦信号是周期信号，可用瞬时表达式或波形图来描述。正弦电压 $u(t)$ 的瞬时表达式为

$$u(t) = U_{\mathrm{m}}\cos(\omega t + \phi_u) \tag{2-4}$$

正弦电流 $i(t)$ 的瞬时表达式为

$$i(t) = I_{\mathrm{m}}\cos(\omega t + \phi_i) \tag{2-5}$$

以正弦电压为例，U_{m} 为正弦信号的最大值，又称振幅或者幅值；$\omega t + \phi_u$ 为正弦电压的相位角，ω 为角频率，ϕ_u 是 $t = 0$ 时相位角的大小，简称初相角或初相位，单位是度或是弧度。幅值、角频率和初相位合称为**正弦信号的 3 个特征量**。正弦信号对应于周期信号的 3 个参数可用 3 个特征量求得。

例 2-1 画出 $u(t) = 10\cos(10^3 t + 15°)$ V 的波形，并指出其振幅、角频率、频率和初相角。

解 $U_{\mathrm{m}} = 10$ V ，$\omega = 10^3$ rad/s ，$\phi_u = 15°$ ，$f = \dfrac{\omega}{2\pi} = 159$ Hz 。其波形如图 2-2 所示。

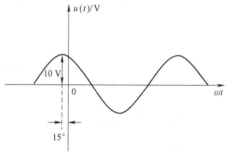

图 2-2　例 2-1 图

2.1.2　同频率正弦交流电的相位差

对于式（2-4）及式（2-5）所表示的电压和电流的表达式，两者的相位差为

$$\varphi = (\omega t + \phi_u) - (\omega t + \phi_i) \tag{2-6}$$

即两同频正弦量的相位差等于两者的初相位之差。为了方便比较两个正弦量相位的超前和落**后关系**，规定相位差的取值范围为 $|\varphi| \le \pi$。如果 $\varphi = \phi_u - \phi_i > 0$，即 $\phi_u > \phi_i$，称正弦量 $u(t)$ 超前 $i(t)$，或者 $i(t)$ 落后于 $u(t)$；若 $\varphi = \phi_u - \phi_i < 0$，则反之。

存在 3 种特殊的相位关系，当 $\varphi = 0$ 时，称为**同相**，如图 2-3（a）所示；当 $\varphi = \pm\pi$ 时，

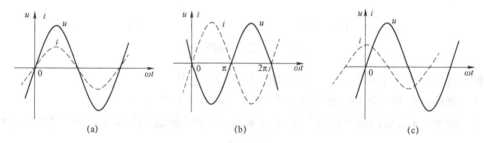

图 2-3　3 种特殊的相位关系

（a）同相；（b）反相；（c）正交

称为**反相**，如图 2-3（b）所示；当 $\varphi = \pm\dfrac{\pi}{2}$ 时，称为**正交**，如图 2-3（c）所示。

例 2-2　求出图 2-4 中两同频正弦量的相位超前和落后关系。

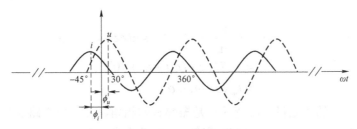

图 2-4　例 2-2 图

解　图 2-4 中，电压、电流频率相同，但初相角不同，

$$u(t) = U_\mathrm{m} \cos(\omega t - 30°)$$

$$i(t) = I_\mathrm{m} \cos(\omega t + 45°)$$

则两正弦量的相位差为

$$\varphi = \phi_u - \phi_i = -30° - 45° = -75°$$

因此，$\varphi < 0$，电压落后于电流 75°。

2.1.3　正弦信号的有效值

正弦电流、电压的瞬时值是随时间变化的，但在电工技术中，往往并不需要知道它们在每一瞬间的大小，在这种情况下，就需要为它规定一个表征大小的特定值，这就是有效值。交流电的有效值的定义是：将交流电流 $i(t)$ 和直流电流 I 分别加到两个阻值相同的电阻上，如果两个电阻在相同时间内消耗的能量一样，则把直流电流 I 的大小定义为交流电流 $i(t)$ 的有效值。

设正弦电流 $i(t) = I_\mathrm{m} \cos \omega t$，其有效值 I 与振幅的关系为

$$I = \frac{I_\mathrm{m}}{\sqrt{2}} = 0.707 I_\mathrm{m} \tag{2-7}$$

电压的有效值与最大值也有相同的关系。交流电气设备铭牌上标示的电流值、电压值，交流电压表和电流表测量的数值一般都是指有效值。在日常生活中，人们常说居民用电的交流电压为 220 V，指的就是有效值，其最大值为 $220\sqrt{2}$ V，约为 311 V。

2.2　正弦信号的相量表示

2.2.1　电路中的正弦信号

在一个电阻为 R 的支路上施加一个正弦电压 $u(t) = U_\mathrm{m} \cos(\omega t + \phi_u)$，如图 2-5 所示。在电阻中产生的电流为

$$i(t) = \frac{u(t)}{R} = \frac{U_\mathrm{m}}{R} \cos(\omega t + \phi_u) = I_\mathrm{m} \cos(\omega t + \phi_i) \tag{2-8}$$

其中，$I_\mathrm{m} = \dfrac{U_\mathrm{m}}{R}$，$\phi_i = \phi_u$。由上式可以看出，电流仍为角频率 ω 的正弦量，改变的只是振幅。

若在一个电容为 C 的支路上施加一个正弦电压 $u(t) = U_\mathrm{m}\cos(\omega t + \phi_u)$，如图 2-6 所示。电容中产生的电流为

$$
\begin{aligned}
i(t) = C\frac{\mathrm{d}u_c}{\mathrm{d}t} &= -C\omega U_\mathrm{m}\sin(\omega t + \phi_u) \\
&= \omega C U_\mathrm{m}\cos(\omega t + \phi_u + 90°) \\
&= I_\mathrm{m}\cos(\omega t + \phi_i)
\end{aligned}
\tag{2-9}
$$

即电流仍是角频率 ω 的正弦量，改变的只是振幅和初相角，在电感支路上也一样。因为对一个正弦量进行微分、积分、相加，乘以或除以常数都不会改变其角频率，改变的只有振幅和初相角。

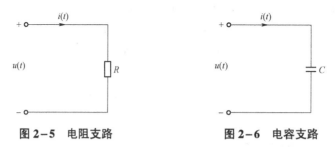

图 2-5　电阻支路　　　　　　　　图 2-6　电容支路

2.2.2　相量法

相量是代表同一频率正弦量的复数，引入相量之后，可以把正弦交流电路中三角函数之间的运算转变成复数之间的运算，从而降低正弦交流电路分析的难度。在介绍相量之前，首先复习一下有关复数的基本知识。

1. 复数

1）复数的 4 种表示方法

复数的表示方法有很多种，各种形式之间可以互相转换。

（1）代数形式。

复数的代数形式为

$$
\boldsymbol{F} = a + \mathrm{j}b
\tag{2-10}
$$

其中，a、b 均为实数。a 称为复数的实部；b 称为复数的虚部；j 称为虚数符号，$\mathrm{j}^2 = -1$。

（2）复平面中的向量表示。

复数在由实轴和虚轴构成的平面直角坐标系中，可用有向线段（向量）来表示，如图 2-7 所示。向量 $\boldsymbol{F}$ 的长度 $|\boldsymbol{F}|$ 称为复数 $\boldsymbol{F}$ 的**模**，模总是正值。向量与实轴正方向的夹角 θ 称为复数的**辐角**。复平面中用向量表示的复数，由其模和辐角的大小确定。

（3）三角函数形式。

由图 2-7 可知，如果将向量表示的复数转变成代数形式，则实部 $a = |\boldsymbol{F}|\cos\theta$，虚部 $b = |\boldsymbol{F}|\sin\theta$。复数又可以用三角函数形式

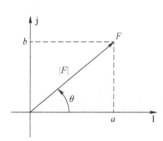

图 2-7　复数的复平面表示

表示为

$$F = |F|(\cos\theta + \mathrm{j}\sin\theta) \qquad (2-11)$$

其中 $|F| = \sqrt{a^2 + b^2}$，$\theta = \arctan\left(\dfrac{b}{a}\right)$。

（4）复指数形式。

根据欧拉公式

$$\mathrm{e}^{\mathrm{j}\theta} = \cos\theta + \mathrm{j}\sin\theta$$

复数可以用复指数形式表示为

$$F = |F|\mathrm{e}^{\mathrm{j}\theta} \qquad (2-12)$$

在电路分析中为了方便起见，常把这种复指数形式的复数写成极坐标形式：

$$F = |F|\angle\theta \qquad (2-13)$$

2）复数的运算

（1）复数的加减法。

复数的加减法可以以复数的代数形式进行。

设 $F_1 = a_1 + \mathrm{j}b_1$，$F_2 = a_2 + \mathrm{j}b_2$，则

$$F_1 \pm F_2 = (a_1 + \mathrm{j}b_1) \pm (a_2 + \mathrm{j}b_2) = (a_1 \pm a_2) + \mathrm{j}(b_1 \pm b_2) \qquad (2-14)$$

即两个复数相加减，等于它们的实部相加减，虚部相加减。

复数的加减法还可以在复平面内用矢量的加减法进行计算，即三角形法则，相关知识在初高中已经介绍过，这里不再详述。

（2）复数的乘除法。

复数的乘除法以复数的复指数形式或极坐标形式进行较为方便。

① 复指数形式：

设 $F_1 = |F_1|\mathrm{e}^{\mathrm{j}\theta_1} = |F_1|\angle\theta_1$，$F_2 = |F_2|\mathrm{e}^{\mathrm{j}\theta_2} = |F_2|\angle\theta_2$，则

$$F_1 \cdot F_2 = |F_1|\mathrm{e}^{\mathrm{j}\theta_1} \cdot |F_2|\mathrm{e}^{\mathrm{j}\theta_2} = |F_1| \cdot |F_2|\mathrm{e}^{\mathrm{j}(\theta_1 + \theta_2)} \qquad (2-15)$$

$$\frac{F_1}{F_2} = \frac{|F_1|\mathrm{e}^{\mathrm{j}\theta_1}}{|F_2|\mathrm{e}^{\mathrm{j}\theta_2}} = \frac{|F_1|}{|F_2|}\mathrm{e}^{\mathrm{j}(\theta_1 - \theta_2)} \qquad (2-16)$$

② 极坐标形式：

$$F_1 \cdot F_2 = |F_1|\angle\theta_1 \cdot |F_2|\angle\theta_2 = |F_1| \cdot |F_2|\angle(\theta_1 + \theta_2) \qquad (2-17)$$

$$\frac{F_1}{F_2} = \frac{|F_1|\angle\theta_1}{|F_2|\angle\theta_2} = \frac{|F_1|}{|F_2|}\angle(\theta_1 - \theta_2) \qquad (2-18)$$

可见，两个复数相乘是模相乘，辐角相加；两个复数相除是模相除，辐角相减。

复数乘法也可以用代数形式直接计算，其满足乘法的分配律，即

$$F_1 \cdot F_2 = (a_1 + \mathrm{j}b_1)(a_2 + \mathrm{j}b_2) = (a_1a_2 - b_1b_2) + \mathrm{j}(a_1b_2 + a_2b_1) \qquad (2-19)$$

（3）复数的共轭。

通常把模相同、辐角互为相反数的两个复数称为共轭复数。如 $F_1 = |F|\angle\theta = a + \mathrm{j}b$ 与

$F_2 = |F| \angle - \theta = a - jb$ 为一对共轭复数，它们的共轭关系可表示为 $F_1 = F_2^*$。一对共轭复数相乘等于复数模的平方，即

$$F_1 \cdot F_2 = |F| \angle \theta \cdot |F| \angle - \theta = |F|^2 = a^2 + b^2 \qquad (2-20)$$

（4）复数的相等。

两个复数相等即实部相等同时虚部相等，或者模相等同时辐角相等。

2. 正弦信号的相量表示

根据欧拉公式，即 $e^{j\theta} = \cos\theta + j\sin\theta$，令 $\theta = \omega t + \phi$，则

$$e^{j(\omega t + \phi)} = \cos(\omega t + \phi) + j\sin(\omega t + \phi) \qquad (2-21)$$

其中 $\cos(\omega t + \phi) = \text{Re}[e^{j(\omega t + \phi)}]$ 为实部，$\sin(\omega t + \phi) = \text{Im}[e^{j(\omega t + \phi)}]$ 为虚部。式中 Re[ ] 代表对括号中的复数取实部，Im[ ] 代表对括号中的复数取虚部。那么复指数函数

$$\begin{aligned}
U_m e^{j(\omega t + \phi)} &= U_m \cos(\omega t + \phi) + U_m j\sin(\omega t + \phi) \\
&= U_m e^{j\phi} e^{j\omega t} \\
&= \dot{U}_m e^{j\omega t}
\end{aligned} \qquad (2-22)$$

其中 $\dot{U}_m$ 为复常数，即相量

$$\dot{U}_m = U_m e^{j\phi} = U_m \angle \phi \qquad (2-23)$$

其中 U_m 为幅度，ϕ 为幅角。

由以上可以推断，正弦量与相量之间有对应关系，见表 2-1。

表 2-1 正弦量与相量之间的对应关系

$u(t)$	$U_m \cos(\omega t + \phi_u)$	$\dot{U}_m = U_m \angle \phi_u$	振幅相量
	$U\sqrt{2} \cos(\omega t + \phi_u)$	$\dot{U} = U \angle \phi_u$	有效值相量
$i(t)$	$I_m \cos(\omega t + \phi_i)$	$\dot{I}_m = I_m \angle \phi_i$	振幅相量
	$I\sqrt{2} \cos(\omega t + \phi_i)$	$\dot{I} = I \angle \phi_i$	有效值相量

总的来说就是，相量与正弦量之间是对应关系，没有相等的关系，但可用相量代替正弦量去参加运算，这会使运算量大大减小。正弦量的振幅、初相角和有效值分别对应振幅相量的幅值、幅角、有效值的幅值。

相量在数学上的运算规律就是复数的运算规律。关于正弦量与相量的关系有一个重要的结论，这就是多个正弦量和的相量等于这些正弦量相量的和。

例 2-3 已知某电路的电压、电流分别为 $u = 10\cos(1\,000t - 20°)$ V，$i = 2\cos(1\,000t - 50°)$ A。试分别写出它的振幅相量和有效值相量，求它们的相位差，说明哪个电量落后，并求出它们的比值 $\dfrac{\dot{U}}{\dot{I}}$。

解 根据 $u = 10\cos(1\,000t - 20°)$，得其振幅相量为

$$\dot{U}_m = 10 \angle -20° \text{ V}$$

则其有效值相量为

$$\dot{U} = \frac{10}{\sqrt{2}} \angle -20° \text{ V}$$

根据 $i = 2\cos(1\,000t - 50°)$，得其振幅相量为

$$\dot{I}_{\text{m}} = 2\angle -50° \text{ A}$$

其有效值相量为

$$\dot{I} = \frac{2}{\sqrt{2}} \angle -50° \text{ A}$$

相位差为

$$\phi = (-20°) - (-50°) = 30°$$

即电压超前，电流落后于电压 30°。

$$\frac{\dot{U}}{\dot{I}} = \frac{10}{2} \angle -20° - (-50°) = 5\angle 30° \text{ (}\Omega\text{)}$$

3. 相量图

将相量用复平面中的有向线段表示，以展示电路中各物理量的相对大小和相位关系的图叫作**相量图**。设电压相量为 $\dot{U} = U\angle\phi_u$，电流相量为 $\dot{I} = I\angle\phi_i$，它们的相量图即复数在复平面中的表示，如图 2-8 所示。

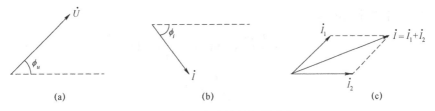

图 2-8　电压和电流的相量图表示

2.3　动　态　元　件

在正弦交流稳态电路中，除了电阻、电源元件之外，还将遇到储存磁场能的电感以及储存电场能的电容元件，因此在介绍正弦交流稳态电路分析方法之前必须了解它们的特性。

2.3.1　电容元件

电容元件是实际电容器的理想化模型，其符号如图 2-9 所示。

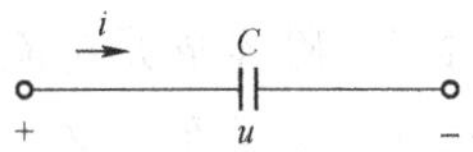

电容元件是存储电场能的器件，存储的电量与电压的关系特性称为电容的**伏库特性**。对于线性电容元件，电容中存储的电量与电压成正比例关系，用公式可表示为

图 2-9　电容元件的符号

$$q(t) = Cu(t) \tag{2-24}$$

其中比例系数 C 称为电容量，电容量的单位是法拉（F）。常用电容器的电容量约为几皮法至几千微法。

根据电流强度的定义

$$i(t) = \frac{\mathrm{d}q}{\mathrm{d}t}$$

将电容元件的伏库特性关系代入上式，就可以得到**电容元件的伏安特性关系**

$$i(t) = C\frac{\mathrm{d}u(t)}{\mathrm{d}t} \tag{2-25}$$

上式表明：某一时刻电容电流的大小取决于该时刻电容电压的变化率。电容电压的变化率越大则电容电流也就越大。电容电压的变化率越小，电容电流也越小。当电容电压不变化时，电容电流就变为零。一个元件上有电压却没有电流，这和断路的效果相同，所以说电容有**隔直**的作用。如果电压发生跳变，就会出现无穷大的电流，这在一般条件下是不可能的，即电容电压不会发生跳变，称为有**惯性**。

要声明的是，式（2-25）是在电流电压参考方向关联情况下的公式。如果参考方向非关联，公式前面要加负号，即

$$i(t) = -C\frac{\mathrm{d}u(t)}{\mathrm{d}t}$$

如果用电压表示电流，将得到伏安关系的另一种表达形式，对上式进行积分：

$$u(t) = \frac{1}{C}\int_{-\infty}^{t} i(\tau)\mathrm{d}\tau$$

设 $t=0$ 为电路工作的初始时刻，则

$$u(t) = \frac{1}{C}\int_{-\infty}^{0} i(\tau)\mathrm{d}\tau + \frac{1}{C}\int_{0}^{t} i(\tau)\mathrm{d}\tau$$

$$= u(0) + \frac{1}{C}\int_{0}^{t} i(\tau)\mathrm{d}\tau$$

可见，电容元件在 t 时刻的电压大小不仅与该时刻的电容电流大小有关，还与之前各个时刻电容电流的大小有关，所以电容是一种记忆元件或动态元件。

2.3.2　电感元件

电感元件是实际电感线圈的理想化模型。通过物理知识可知，当电感线圈中通入电流 $i(t)$ 时，线圈中产生磁场，磁场在线圈截面上的通量叫作**磁通量**，用字母 Φ 表示，单位为韦伯（Wb）。若线圈有 N 匝，每匝线圈磁场相互交链，则磁链为

$$\psi = N\Phi$$

显然，磁链 ψ 是电流 $i(t)$ 的函数。当元件周围的媒质为非铁磁物质的时候，磁链 ψ 与电流 $i(t)$ 成正比例关系。这一关系可表示为

$$\psi = Li(t)$$

式中 L 为正值常数，它是用来度量特性曲线斜率的，称为**电感**或**自感**。在国际单位制中，L 的单位为亨利（H），磁链的单位为韦伯（Wb）。这种把电能转换成磁场能的理想元件称为**电感元件**。由于线圈中磁链 ψ 与流过它的电流 $i(t)$ 的关系（韦安特性）是线性的，故称这种电感元件为**线性电感元件**，其符号如图 2-10 所示。

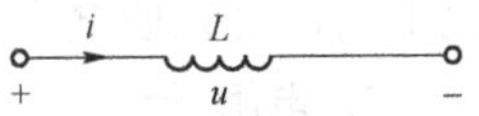

图 2-10 电感元件的符号

理想的电感线圈中通入直流电流，线圈中就产生不随时间变化的稳恒磁场，由于它不会再在线圈中感应出电压来，因此线圈两端电压为零。但是，当电感线圈中通入交变电流时，线圈中就会出现交变的磁链，而交变的磁链又会在线圈两端感应出电压，即

$$u=\frac{\mathrm{d}\psi}{\mathrm{d}t}$$

将 ψ 与 i 的关系代入上式，并考虑到线性电感的电感量 L 不随时间变化，得：

$$u=L\frac{\mathrm{d}i(t)}{\mathrm{d}t} \tag{2-26}$$

此式就是电感元件的伏安特性关系，也就是电感元件电流、电压的瞬时关系表达式，在电流、电压参考方向一致时使用。在非关联参考方向下，那么在公式前必须加一个负号，即

$$u=-L\frac{\mathrm{d}i(t)}{\mathrm{d}t} \tag{2-27}$$

当然，电感元件的伏安特性表达式也可以写成积分的形式：

$$i(t)=\frac{1}{L}\int_{-\infty}^{t}u(\tau)\,\mathrm{d}\tau$$

如果 $t=0$ 时刻为初始时刻，则

$$\begin{aligned}i(t)&=\frac{1}{L}\int_{-\infty}^{0}u(\tau)\,\mathrm{d}\tau+\frac{1}{L}\int_{0}^{t}u(\tau)\,\mathrm{d}\tau\\&=i(0)+\frac{1}{L}\int_{0}^{t}u(\tau)\,\mathrm{d}\tau\quad(t>0)\end{aligned}$$

此表达式说明：电感元件在某个时刻的电流的大小不仅和这个时刻的电压有关，还跟之前每时每刻的电压有关。因此通常称电感元件为记忆元件或动态元件。

2.4 电路定理的相量形式

2.4.1 基尔霍夫定律的相量形式

在线性正弦电路中，所有电流和电压都是同频率的正弦量，因此基尔霍夫定律也可以用相量表示，见表 2-2。

表 2-2 基尔霍夫定律的相量形式

基尔霍夫定律	时域形式	相量形式
KCL	$\Sigma i=0$	$\Sigma\dot{I}_{\mathrm{m}}=0(\Sigma\dot{I}=0)$
KVL	$\Sigma u=0$	$\Sigma\dot{U}_{\mathrm{m}}=0(\Sigma\dot{U}=0)$

2.4.2 电路元件的相量模型

在正弦交流电路中各支路的电流、电压都是同频率的正弦量，为了用相量法分析正弦交

流电路，首先研究电路中 3 个基本元件的相量模型。

1. 电阻元件

图 2-11（a）所示为电阻元件的时域伏安关系，电阻值为 R，电流和电压的参考方向关联。设流过电阻的电流为 i，其伏安特性的时域表示为

$$u = Ri \tag{2-28}$$

在正弦交流电路中，电阻的电流和电压为同频率的正弦量，有效值关系为

$$U = RI \tag{2-29}$$

电阻元件的电压有效值和电流有效值的关系与直流电阻电路中的欧姆定律完全相同，电压与电流始终同相位，用相量形式表示这种关系为

$$\dot{U} = R\dot{I} \tag{2-30}$$

电阻元件的相量伏安关系如图 2-11（b）所示，相量图如图 2-11（c）所示。

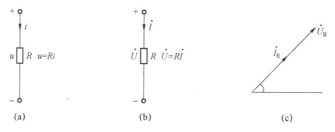

图 2-11　电阻元件的相量模型
（a）时域伏安关系；（b）相量伏安关系；（c）相量图

2. 电容元件

图 2-12（a）所示为电容元件的时域伏安关系，电容量为 C，电流与电压参考方向关联。设电容的电压为 $u(t)$，则电容元件的伏安特性的瞬时表达式为

$$i(t) = C\frac{\mathrm{d}u(t)}{\mathrm{d}t} \tag{2-31}$$

在正弦交流电路中，电容的电流和电压是同频率的正弦量，有效值关系为

$$U = \frac{1}{\omega C}I \tag{2-32}$$

相位关系为

$$\phi_u = \phi_i - 90° \tag{2-33}$$

这表明电容元件的电压有效值和电流有效值也具有类似于电阻电路中的欧姆定律的关系，比例系数为**容抗**；电容电压初相位落后于电流初相位 $90°$，用相量形式表示这种关系为

$$\dot{U} = \frac{1}{\mathrm{j}\omega C}\dot{I} \tag{2-34}$$

电容元件的相量伏安关系如图 2-12（b）所示，相量图如图 2-12（c）所示。

3. 电感元件

电感元件是实际电感线圈的理想化模型。电感元件是存储磁能的器件。

图 2-13（a）所示为电感元件的时域伏安关系，电感量为 L，电流和电压的参考方向关联。设流过电感的电流为 $i(t)$，则电感元件伏安特性的瞬时表达式为

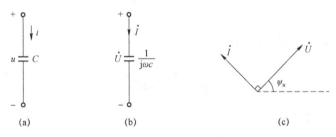

图 2-12　电容元件的相量模型

（a）时域伏安关系；（b）相量伏安关系；（c）相量图

$$u(t) = L\frac{\mathrm{d}i(t)}{\mathrm{d}t} \tag{2-35}$$

上式表明，在某一时刻电感的电压取决于这个时刻电流的变化率，而不是该时刻电流的数值。在稳恒直流电路中，流过电感的电流为常数，随时间的变化率为零，所以电感两端电压也一定为零。对于外电路来说，工作在稳恒直流电路中的电感元件相当于一根导线。当电感中有变化的电流通过时，线圈两端将会出现电压，而且电流变化越快，电感两端电压越高。

在正弦交流电路中，电感的电流和电压为同频率的正弦量，有效值关系为

$$U = \omega L I \tag{2-36}$$

相位关系为

$$\phi_u = \phi_i + 90° \tag{2-37}$$

这表明电感元件的电压有效值和电流有效值的关系类似于直流电阻电路中的欧姆定律，比例系数是感抗 ωL。电感电压的初相位超前电流初相位 $90°$。用相量形式表示这种关系为

$$\dot{U} = \mathrm{j}\omega L\dot{I} \tag{2-38}$$

电容元件的相量伏安关系如图 2-13（b）所示，相量图如图 2-13（c）所示。

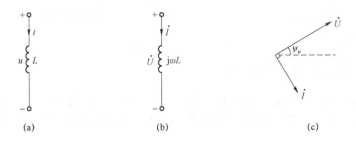

图 2-13　电感元件的相量模型

（a）时域伏安关系；（b）相量伏安关系；（c）相量图

2.5　阻抗与导纳

1. 电阻

电阻 R 的阻抗值等于电阻值 R，它是一个实数，而且与频率无关。电阻的导纳是其电阻值的倒数，也就是它的电导值 G。

2. 电容

电容量为 C 的电容元件的阻抗为

$$Z_C = \frac{1}{j\omega C} = -j\frac{1}{\omega C} = jX_C \qquad (2-39)$$

其中 $X_C = -\frac{1}{\omega C}$，称为容抗。

$$Y_C = j\omega C = jB_C \qquad (2-40)$$

Y_C 为电容的导纳，其中 $B_C = \omega C$，称为容纳，单位是西门子（S）。

3. 电感

设电感元件的电感为 L，它的阻抗为

$$Z_L = j\omega L = jX_L \qquad (2-41)$$

定义电感阻抗的虚部为感抗 X_L，即

$$X_L = \omega L \qquad (2-42)$$

可以看出，感抗 X_L 正比于频率 ω，频率越低感抗越小，所以在直流电作用下电感相当于一根导线（短路）；反之，频率越高感抗越大，频率高至无穷大时，感抗变为无穷大，这时电感元件相当于断开。

电感的导纳为

$$Y_L = \frac{1}{Z_L} = \frac{1}{j\omega L} = -j\frac{1}{\omega L} \qquad (2-43)$$

2.6 一阶电路的零输入响应

一阶电路根据所含动态元件不同，分为一阶 RC 电路和一阶 RL 电路。如果在换路之前，动态元件已经存储能量，换路后，电路中的动态元件在无激励的情况下通过放电而产生的响应称为**零输入响应**。响应对应微分方程的解。

2.6.1 RC 电路的零输入响应

图 2-14（a）所示的电路为一阶 RC 电路。开关闭合前，电路已处于稳态，电容的电压 $u_C(0^-) = U_0$，当 $t = 0$ 时，开关闭合，现在分析 $t \geqslant 0$ 时电容电压 u_C 和电流 i_C 的变化规律。

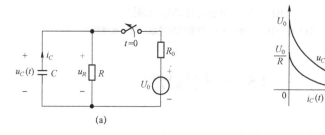

(a)　　　　　　　　　(b)

图 2-14 一阶 RC 电路及其零输入响应曲线

（a）一阶 RC 电路；（b）零输入响应曲线

电容在 $t \geqslant 0$ 时会通过 R 支路放电。在放电过程中，在电阻 R 上消耗能量，当 $t \to \infty$ 时放电结束，能量全部消耗在电阻上。开关闭合后，根据 KVL 有：

$$-u_R + u_C = 0$$

图中电流和电容为非关联参考方向，将 $i_C = -C\dfrac{\mathrm{d}u_C}{\mathrm{d}t}$ 代入上式，即得一阶齐次微分方程

$$RC\frac{\mathrm{d}u_C}{\mathrm{d}t} + u_C = 0 \tag{2-44}$$

这是一个以电容电压 u_C 为变量的一阶线性齐次微分方程，其解的形式为

$$u_C = A\mathrm{e}^{\lambda t}$$

将其代入式（2-44），得到微分方程的特征方程

$$RC\lambda + 1 = 0$$

解得特征根为

$$\lambda = -\frac{1}{RC}$$

λ 称为电路的自然频率或固有频率。由此可得微分方程的通解为

$$u_C = A\mathrm{e}^{-\frac{t}{RC}} \tag{2-45}$$

利用初始值 $u_C(0^+) = U_0$ 确定系数 A，即

$$u_C(0^+) = A\mathrm{e}^0 = U_0$$

所以，$A = U_0$，将其代回式（2-45）得 $t \geqslant 0$ 时，电容电压的零输入响应为

$$u_C(t) = U_0\mathrm{e}^{-\frac{t}{RC}} = u_C(0^+)\mathrm{e}^{-\frac{t}{\tau}} \tag{2-46}$$

电路的电流为

$$i_C(t) = -C\frac{\mathrm{d}u_C}{\mathrm{d}t} = \frac{U_0}{R}\mathrm{e}^{-\frac{t}{RC}} = i_C(0^+)\mathrm{e}^{-\frac{t}{RC}} \tag{2-47}$$

上两式中，$\tau = RC$，具有时间量纲，称为时间常数，单位为秒（s）。τ 反映了电路过度过程的进展速度。τ 越小，其倒数越大，电容放电越快；反之，则电容放电越慢。

RC 电路的零输入响应曲线如图 2-14（b）所示。

2.6.2　RL 电路的零输入响应

图 2-15（a）所示为一阶 RL 电路。$t < 0$ 时，电路已处于稳态，$t = 0$ 时，开关断开，现在分析 $t \geqslant 0$ 时电感电压 $u_L(t)$ 和电感电流 $i_L(t)$ 的变化规律。

$t \leqslant 0^-$ 时，电路处于稳态，电感相当于短路，电感的电流 $i_L(0^-) = \dfrac{U_0}{R_0} = I_0$。

$t = 0$ 时，进行换路，此时 $i_L(0^-) = i_L(0^+) = I_0$。

$t \geqslant 0^+$ 时，电路变为单回路，电感通过电阻释放能量。最终，能量全部消耗在电阻上，电路将重新进入稳态。

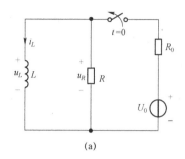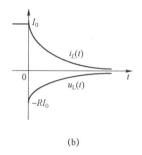

(a)　　　　　　　　　　　　　　　　　(b)

图 2-15　一阶 _RL_ 电路及其零输入响应曲线

（a）一阶 _RL_ 电路；（b）零输入响应曲线

_RL_ 电路的零输入响应的求解过程如同 _RC_ 电路的求解，这里直接给出结果，即其零输入响应为

$$i_L(t) = I_0 \mathrm{e}^{-\frac{R}{L}t} = i_L(0^+)\mathrm{e}^{-\frac{t}{\tau}} \tag{2-48}$$

其中时间常数 $\tau = \dfrac{L}{R}$。电感的电压为

$$u_L(t) = L\frac{\mathrm{d}i_L}{\mathrm{d}t} = I_0 L\left(-\frac{R}{L}\right)\mathrm{e}^{-\frac{R}{L}t} = -RI_0\mathrm{e}^{-\frac{t}{\tau}}(t \geqslant 0^+) \tag{2-49}$$

图 2-15（b）所示为 _RL_ 电路的零输入响应曲线及电压的变化曲线。

零输入响应是在输入为零时，由非零初始状态产生的。它充分体现出在没有外来干预的"自由"状态下电路的表现，反映了电路的固有性质。它在理论上具有重要的意义。考虑到这一响应与初始状态和电路的特性有关。在求解时，首先必须掌握电容电压或电感电流的初始值，至于电路的特性，对一阶电路来说，则是通过时间常数 τ 来体现的。不论是 _RC_ 电路还是 _RL_ 电路，零输入响应都是随时间按指数规律衰减的，这是因为在没有外施电源的条件下，原有的储能总是要逐渐衰减到零的。在 _RC_ 电路中，电容电压 u_C 总是由初始值 $u_C(0)$ 按指数规律单调地衰减到零的，其时间常数 $\tau = RC$；在 _RL_ 电路中，总是由初始值 $i_L(0)$ 按指数规律单调地衰减到零，其时间常数 $\tau = \dfrac{L}{R}$。掌握了 $u_C(t)$、$i_L(t)$ 后，便可设法求得其他各个电压、电流。

初始状态既可认为是电路的激励，则从式（2-44）～式（2-47）不难看出：若初始状态增大 _m_ 倍，则零输入响应也相应地增大 _m_ 倍。这种初始状态和零输入响应的正比关系称为零输入响应比例性，亦即零输入响应是初始状态的线性函数，也简称零输入响应线性或比例性。

例 2-4　如图 2-16 所示，换路前电路处于稳态，$t=0$ 时将开关打开，求换路后电感电流 $i_L(t)$ 和电容电压 $u_C(t)$。

解　由换路前的稳态电路得：

$$i_L(0^-) = \frac{50}{2+6} = 6.25(\mathrm{A})$$

$$u_C(0^-) = 6i_L(0^-) = 37.5(\mathrm{V})$$

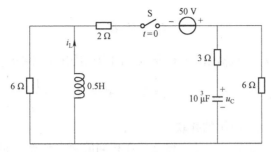

图 2-16　例 2-4 图

根据换路定则，有：

$$i_L(0^+) = i_L(0^-) = 6.25 \text{ A}$$

$$u_C(0^+) = u_C(0^-) = 37.5 \text{ V}$$

换路后，开关打开，电路分为左、右两个独立的一阶电路。左边回路是一阶 RL 电路的零输入响应，代入 $i_L(t)$ 零输入响应公式，得：

$$i_L(t) = i_L(0^+)e^{-\frac{R_1}{L}t} = 6.25e^{-\frac{6}{0.5}t} = 6.25e^{-12t} \text{ (A)} \quad (t > 0)$$

右边回路是一阶 RC 电路的零输入响应，代入 $u_C(t)$ 零输入响应公式，得：

$$u_C(t) = u_C(0^+)e^{-\frac{t}{R_2C}} = 37.5e^{-\frac{t}{(3+6)\times10^{-3}}} = 37.5e^{-\frac{1\,000t}{9}} \text{ (V)} \quad (t > 0)$$

2.6.3　阻抗的串联和并联

1. 欧姆定律的复数形式

$$Z = \frac{\dot{U}}{\dot{I}} \tag{2-50}$$

Z 称为**复数阻抗**，单位为 Ω。

$$Y = \frac{1}{Z} = \frac{\dot{I}}{\dot{U}} \tag{2-51}$$

Y 称为**复数导纳**，单位为 S。

2. 阻抗的串联

多个阻抗首尾相接构成二端网络称为阻抗的串联，根据 KVL 的相量形式，有：

$$\dot{U} = \dot{U}_1 + \dot{U}_2 + \cdots + \dot{U}_n = (Z_1 + Z_2 + \cdots + Z_n)\dot{I} \tag{2-52}$$

所以，多个阻抗串联可等效为一个阻抗，阻抗值等于串联的所有阻抗值之和，即

$$Z = Z_1 + Z_2 + \cdots + Z_n = \sum_{k=1}^{n} Z_k \tag{2-53}$$

等效导纳为

$$\frac{1}{Y} = \frac{1}{Y_1} + \frac{1}{Y_2} + \cdots + \frac{1}{Y_n} = \sum_{k=1}^{n} \frac{1}{Y_k} \tag{2-54}$$

阻抗 Z_k 上分得的电压相量为

$$\dot{U}_k = \frac{Z_k}{Z}\dot{U} \qquad (2-55)$$

例 2-5 求图 2-17 中支路的阻抗和导纳。图中已给出元件的阻抗。

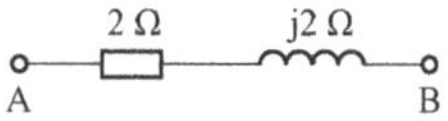

解 $Z_{AB} = 2 + 2j = 2.83\angle 45°$，$Y_{AB} = \dfrac{1}{Z_{AB}} = \dfrac{1}{2+2j} = 0.354\angle -45°$。

图 2-17　例 2-5 图

3. 阻抗的并联

多个阻抗并列地连接在相同的两个节点上的连接方式称为阻抗的并联，根据 KCL 的相量形式，有：

$$\dot{I} = \dot{I}_1 + \dot{I}_2 + \cdots + \dot{I}_n = (Y_1 + Y_2 + \cdots + Y_n)\dot{U} \qquad (2-56)$$

所以多个阻抗并联可等效为一个阻抗，等效阻抗的导纳值等于并联的所有阻抗的导纳值之和，即

$$Y = Y_1 + Y_2 + \cdots + Y_n = \sum_{k=1}^{n} Y_k \qquad (2-57)$$

等效阻抗为

$$\frac{1}{Z} = \frac{1}{Z_1} + \frac{1}{Z_2} + \cdots + \frac{1}{Z_n} = \sum_{k=1}^{n} \frac{1}{Z_k} \qquad (2-58)$$

阻抗 Z_k 上分得的电流相量

$$\dot{I}_k = \frac{Y_k}{Y}\dot{I} \qquad (2-59)$$

例 2-6 求图 2-18 中支路的阻抗和导纳。图中已给出元件的阻抗。

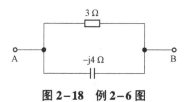

图 2-18　例 2-6 图

解 根据阻抗和导纳的定义式即可得出：

$$Z_{AB} = \frac{3 \times (-4j)}{3 - 4j} = \frac{-12j}{3 - 4j} = 2.4\angle -36.9°$$

$$Y_{AB} = \frac{1}{Z_{AB}} = 0.417\angle 36.9°$$

2.7　用相量法分析电路的正弦稳态响应

将相量形式的欧姆定律和基尔霍夫定律应用于电路的相量模型，建立相量形式的电路方程求解，即可得到电路的正弦稳态响应，这一方法称为**相量分析法**。

和电阻电路的电路方程一样，相量形式的电路方程也是线性代数方程，只是方程式的系数一般是复数，因此分析电阻电路的各种公式、方法和定理乃至技巧都适用于正弦交流稳态

电路的相量分析法。其分析步骤一般如下：

（1）画出和时域电路相对应的电路相量模型；

（2）建立相量形式的电路方程，求出相应的相量；

（3）将求得的相量变换成对应的正弦函数。

例 2-7 试求图 2-19 所示电路中的 u_C，已知 $C = 1\ \mu\mathrm{F}$，$i_s = 10\sqrt{2}\cos(10^3 t + 60°)\ \mathrm{mA}$。

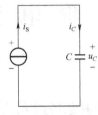

图 2-19 例 2-7 图

解 用相量法求解。电流的相量形式为

$$\dot{I}_s = 0.01\angle 60°\ \mathrm{A} = \dot{I}_C$$

电容的容抗为

$$X_C = \frac{1}{\omega C} = \frac{1}{10^3 \times 1 \times 10^{-6}} = 10^3\ (\Omega)$$

那么电容电压的相量形式为

$$\dot{U}_C = -\mathrm{j}X_C \dot{I}_C = 10^3 \angle -90° \times 0.01\angle 60° = 10\angle -30°\ (\mathrm{V})$$

将电压的相量形式转化为一般形式为

$$u_C = 10\sqrt{2}\cos(10^3 t - 30°)\ (\mathrm{V})$$

第3章
一 阶 电 路

3.1 电路的换路过程及换路定则

在电阻电路中，由于线性电阻的伏安特性关系是代数关系，因此，描述电阻电路的方程是一组代数方程。由代数方程描述的电路通常被称为**静态电路**。静态电路的响应仅由外加激励引起，当电阻电路从一种工作状态转到另一种工作状态时，电路中的响应也将立即从一种工作状态转到另一种工作状态。

实际上，许多实际电路模型中不仅包含电阻元件和电源元件，还包含电容元件和电感元件，这两种元件的电压与电流的约束关系为微分或积分关系，通常称这类元件为动态元件或储能元件。含有动态元件的电路称为**动态电路**，描述动态电路的方程是以电压或电流为变量的微分方程。

在动态电路中，通常将描述电路的微分方程的最高阶数定义为动态电路的阶数。一般地，只含有一个动态元件的电路的微分方程为一阶微分方程，所以只含有一个动态元件的电路称为**一阶电路**；含有 n 个独立的动态元件的电路的微分方程的最高阶次为 n，这样的动态电路称为 **n 阶电路**。动态电路研究又称为**瞬态电路分析**，本章介绍瞬态电路分析的基础知识，以及只含有一个动态元件的电路，即一阶电路。

当动态电路的工作条件发生变化时，电路中原有的工作状态需要经过一个过程逐步达到另一个新的稳定工作状态，这个过程称为电路的**过渡过程**或**暂态**。在电路分析中，把电路结构（如开关）或元件参数（如电源信号）的改变，称为**换路**。换路意味着电路工作状态的改变。

动态电路中过渡过程的产生，其外因是换路，而内因是电路中电容或电感元件的存在。这两种元件不消耗能量，只存储能量并与外界交换能量。在一定的工作状态下，它们存储一定的能量，当发生换路时，电容或电感中的能量也要随之发生变化，能量的变化必须经过一定的时间才能完成，如果没有这样一个过渡过程，就意味着电容中存储的电场能量、电感中存储的磁场能量要发生跃变。要实现这一点，必须要求它们的能量的变化率（即功率）为无穷大，而这在实际电路中是不可能达到的。

设换路发生在 $t=0$ 时刻，$t=0^-$ 表示换路前的瞬间，这时还没有换路；用 $t=0^+$ 表示换路后的瞬间，此时电路刚刚换路。这时有：

$$u_C(0^+) = u_C(0^-)$$

$$i_L(0^+) = i_L(0^-)$$

以上称为**换路定则**。0^- 和 0^+ 在数值上虽然都等于零，但对于动态电路来说，它们有本质的区别。

3.2　一阶电路的零状态响应

在电路的零状态下，即初始状态（动态元件初始储能）为零时，仅由外加激励的作用产生的响应为**零状态响应**。本节讨论在直流激励作用下的零状态响应。

3.2.1　RC 电路的零状态响应

图 3–1（a）所示为 RC 电路，开关闭合前即 $t \leqslant 0^-$ 时，电路已处于稳态，电容电压 $u_C(0^-) = 0$；当 $t = 0$ 时，开关闭合，电源将对电容进行充电；当 $t = 0^+$ 时，$u_C(0^+) = u_C(0^-) = 0 \text{ V}$；$t \geqslant 0^+$ 时，电容 C 相当于短路。下面分析 $t \geqslant 0^+$ 时的电容电压 u_C 和电流 i_C 的变化规律。

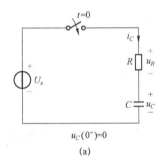
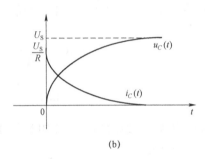

图 3–1　RC 电路及响应曲线

（a）RC 电路；（b）响应曲线

换路后，根据 KVL 得：

$$Ri_C + u_C = U_S$$

将电流 $i_C = C\dfrac{\mathrm{d}u_C}{\mathrm{d}t}$ 代入上式得：

$$RC\dfrac{\mathrm{d}u_C}{\mathrm{d}t} + u_C = U_S$$

这是一个以电容电压 u_C 为变量的一阶线性非齐次微分方程，由高等数学可知，该微分方程的通解由两部分组成，即该微分方程的一个特解与该微分方程对应的齐次微分方程的通解，可写成

$$u_C = u_C' + u_C''$$

为了叙述方便，称 u_C 为全解，称 u_C' 为特解，称 u_C'' 为通解。取电路到达稳态时的解作为特解是最简单的，即

$$u_C = u_C(\infty) = U_S$$

该微分方程所对应的齐次微分方程的通解为

$$u_C'' = Ae^{-\frac{t}{RC}}$$

该微分方程的全解为

$$u_C = U_S + Ae^{-\frac{t}{RC}}$$

根据初始条件确定 A。由换路定律，$u_C(0^+) = u_C(0^-) = 0\ \text{V}$，代入上式得：

$$0 = U_S + A$$

则 $A = -U_S$。因此，一阶 RC 电路电容电压 u_C 的零状态响应为

$$u_C(t) = U_S - U_S e^{-\frac{t}{RC}} = U_S\left(1 - e^{-\frac{t}{RC}}\right)\ (t \geqslant 0) \tag{3-1}$$

由电容的伏安关系求出电容电流为

$$i_C(t) = C\frac{\mathrm{d}u_C}{\mathrm{d}t} = -U_S C\left(-\frac{1}{RC}\right)e^{-\frac{t}{RC}} = \frac{U_S}{R}e^{-\frac{t}{RC}}\ (t \geqslant 0) \tag{3-2}$$

当 $t \to \infty$ 时，电容电压等于电压源的电压，即 $u_C(\infty) = U_S$，所以有：

$$u_C(t) = U_S\left(1 - e^{-\frac{t}{RC}}\right) = u_C(\infty)\left(1 - e^{-\frac{t}{\tau}}\right) \tag{3-3}$$

$$i_C(t) = \frac{U_S}{R}e^{-\frac{t}{RC}} = \frac{u_C(\infty)}{R}e^{-\frac{t}{\tau}} \tag{3-4}$$

由此可以得出 RC 电路的响应曲线如图 3-1（b）所示。零状态响应也是按指数规律变化，其变化速度仍与 τ 有关。

3.2.2 RL 电路的零状态响应

图 3-2（a）所示为 RL 电路。

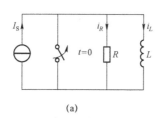
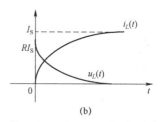

（a）   （b）

图 3-2 RL 电路及响应曲线

（a）RL 电路；（b）响应曲线

开关闭合前，即 $t \leqslant 0^-$ 时，电感无初始储能，电感电流 $i_L(0^-) = 0$；当 $t = 0$ 时，开关闭合，电感电流随时间增加，最终电路将再次稳定下来，此时电感相当于短路，$i_L(\infty) = I_S$，而 $i_L(0^+) = i_L(0^-) = 0$，所以 $t = 0^+$ 时电感相当于开路。下面分析 $t \geqslant 0^+$ 时的电感电流 i_L 和电压 u_L 的变化规律。

换路后，根据并联电路的分流关系可得：

$$i_R + i_L = I_S$$

根据 KVL 及 $u_L(t) = L\dfrac{\mathrm{d}i_L}{\mathrm{d}t}$，可得关于电感电流的微分方程：

$$\frac{\mathrm{d}i_L}{\mathrm{d}t} + \frac{R}{L}i_L = \frac{RI_S}{L} \tag{3-5}$$

结合初始条件 $i_L(0^+) = 0$，可得到微分方程的解为

$$i_L(t) = I_S(1 - \mathrm{e}^{-\frac{R}{L}t}) = I_S(1 - \mathrm{e}^{-\frac{t}{\tau}}) \tag{3-6}$$

其中 $\tau = \dfrac{L}{R}$。根据电感的伏安关系可得出电感电压为

$$u_L = L\frac{\mathrm{d}i_L}{\mathrm{d}t} = L(-I_S)\left(-\frac{R}{L}\right)\mathrm{e}^{-\frac{R}{L}t} = I_S R\mathrm{e}^{-\frac{R}{L}t} \tag{3-7}$$

由以上可以看出，电感的电流和电压的变化也与时间常数有关。公式推导和一开始进行的物理分析的结果一致的，也就是最终电感的电流与外加的电流源的电流相等，即 $i_L(\infty) = I_S$。那么其零状态响应也可以表示为

$$i_L(t) = I_S\left(1 - \mathrm{e}^{-\frac{t}{\tau}}\right) = i_L(\infty)\left(1 - \mathrm{e}^{-\frac{t}{\tau}}\right) \tag{3-8}$$

电感电压为

$$u_L = L\frac{\mathrm{d}i_L}{\mathrm{d}t} = I_S R\mathrm{e}^{-\frac{R}{L}t} = i_L(\infty)R\mathrm{e}^{-\frac{R}{L}t} \tag{3-9}$$

RL 电路的响应曲线如图 3-2（b）所示。

　　由以上分析可知，电容电压或电感电流都是从它的零值开始按指数规律上升到达它的稳态值的，时间常数 τ 分别为 RC 和 $\dfrac{L}{R}$。当电路到达稳态时，电容相当于开路，而电感相当于短路，由此可确定电容或电感的稳态值。零状态响应是由电容或电感的稳态值和时间常数 τ 所确定的，求解时不必再求解微分方程。掌握它们按指数规律增长的特点，即可直接写出 $u_C(t)$、$i_L(t)$。

　　由以上分析可见：若外施激励增大 m 倍，则零状态响应也增大 m 倍，这称为零状态响应比例性。若有多个激励，则还存在零状态响应叠加性，亦即零状态响应是输入的线性函数，简称零状态响应线性或比例性。

　　例 3-1　电路如图 3-3（a）所示。开关闭合前电路已处于稳态，求 $t \geqslant 0$ 时电感的电流 $i_L(t)$ 及电压源发出的功率。

　　解　开关闭合前电路已处于稳态，则 $i_L(0^-) = 0$，换路后开关闭合，利用戴维南定理将 $t > 0$ 时的电路化简为图 3-3（b）所示，电感电流的稳态值为

$$i_L(\infty) = \frac{U_S/2}{R/2} = \frac{U_S}{R}$$

时间常数为

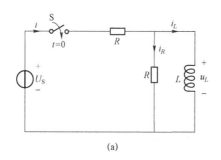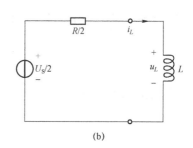

(a)　　　　　　　　　　　　(b)

图 3-3　例 3-1 图

$$\tau = \frac{L}{R/2} = \frac{2L}{R}$$

因此电感电流为

$$i_L = \frac{U_\mathrm{s}}{R}\left(1 - \mathrm{e}^{-\frac{R}{2L}t}\right) = \frac{U_\mathrm{s}}{R}\left(1 - \mathrm{e}^{-\frac{t}{\tau}}\right)$$

为了计算电压源发出的功率，就要计算其电流。设电流参考方向如图 3-3（a）所示，由于

$$u_L = L\frac{\mathrm{d}i_L}{\mathrm{d}t} = \frac{U_\mathrm{s}}{2}\mathrm{e}^{-\frac{t}{\tau}}$$

电阻电流为

$$i_R = \frac{u_L}{R} = \frac{U_\mathrm{s}}{2R}\mathrm{e}^{-\frac{t}{\tau}}$$

电压源的电流为

$$i = i_L + i_R = \frac{U_\mathrm{s}}{R}\left(1 - \frac{1}{2}\mathrm{e}^{-\frac{t}{\tau}}\right)$$

所以电压源发出的功率为

$$P = U_\mathrm{s}i = \frac{U_\mathrm{s}^2}{R}\left(1 - \frac{1}{2}\mathrm{e}^{-\frac{t}{\tau}}\right)$$

3.3　一阶电路的全响应

3.3.1　线性动态电路的全响应

外加电源与储能元件上初始储能共同产生的电路响应，即零状态响应与零输入响应的叠加，称为**全响应**。本书只研究一阶电路的全响应。

例 3-2　如图 3-4 所示，已知换路前开关闭合，电路处于稳态，$t = 0$ 时进行换路。分析该电路的全响应。

解　换路前电路处于稳态时，L 相当于短路，在两个电

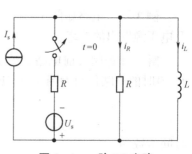

图 3-4　一阶 *RL* 电路

源的共同作用下有：

$$i_L(0^-) = I_s - \frac{U_s}{R} = I_0$$

根据换路定则，$i_L(0^+) = i_L(0^-) = I_0$。

当 $t > 0^+$ 时，电压源已不起作用，只有电流源作用于电路，且电感元件的初始储能同时作用于电路。$t = \infty$ 时，电路将再次稳定下来，L 相当于短路，在电流源的作用下有：

$$i_L(\infty) = I_s$$

根据 KVL 列出方程：

$$\frac{\mathrm{d}i_L}{\mathrm{d}t} + \frac{R}{L}i_L = \frac{R}{L}I_s$$

根据初始条件 $i_L(0^+) = I_0$，通过解微分方程可得到该电路的全响应为

$$i_L(t) = I_s + (I_0 - I_s)\mathrm{e}^{-\frac{R}{L}t} = I_s + (I_0 - I_s)\mathrm{e}^{-\frac{t}{\tau}} \quad (t \geq 0^+) \tag{3-10}$$

$$u_L(t) = -R(I_0 - I_s)\mathrm{e}^{-\frac{R}{L}t} = -R(I_0 - I_s)\mathrm{e}^{-\frac{t}{\tau}}$$

从上式可以看到，第一项与外加激励形式相同，称为强制分量，当 $t \to \infty$ 时，该分量不随时间的变化而变化，又称为稳态分量。第二项是按指数规律变化且由电路的自身特性决定的，称为自由分量，当 $t \to \infty$ 时，该分量将衰减为零，又称为暂态分量。所以，全响应按照电路响应形式又可以表示成

全响应＝自由分量＋强制分量

或

全响应＝瞬态分量＋稳态分量

式（3-10）也可以写成

$$i_L(t) = I_0\mathrm{e}^{-\frac{R}{L}t} + I_s\left(1 - \mathrm{e}^{-\frac{R}{L}t}\right) = I_0\mathrm{e}^{-\frac{t}{\tau}} + I_s\left(1 - \mathrm{e}^{-\frac{t}{\tau}}\right) \tag{3-11}$$

$$u_L(t) = -RI_0\mathrm{e}^{-\frac{R}{L}t} + RI_s\mathrm{e}^{-\frac{R}{L}t}$$

上式右边第一项是无外加激励且电感电流的初始值 I_0 所产生的零输入响应，第二项是电感电流的初始值为零且有外加激励作用产生的零状态响应，由此说明了一阶电路的全响应是零输入响应和零状态响应的叠加，表示为

全响应＝零输入响应＋零状态响应

根据式（3-10），设 $I_0 > I_s$，电感电流的曲线如图 3-5（a）所示。$t > 0$ 时，电感电流由初始值 I_0 慢慢放电，最后稳定在 I_s。

若 $I_0 < I_s$，如图 3-5（b）所示，电感电流由初始值 I_0 慢慢充电，最后稳定在 I_s，可以说从一个稳态达到另一个稳态。

3.3.2　三要素法

本节介绍的三要素法是一种求解一阶电路的简便方法，它可用于求解电路任一变量的零输入响应和直流作用下的零状态响应、全响应，不论它是状态变量还是非状态变量。

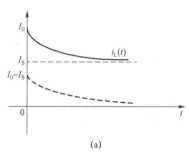 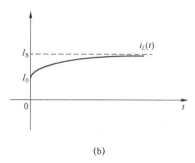

图 3-5 不同情况下电感电流的变化曲线

（a）$I_0 > I_S$；（b）$I_0 < I_S$

这一方法的背景是：① 一阶电路中的响应是按指数规律变化的，都有它的初始值和稳态值（平衡值），其变化过程唯一地由时间常数决定；② "提前"运用换路定则，不必等状态变量求得后再运用。

考察一下全响应解的特点，以一阶 RL 电路为例。当换路发生在 $t=0$ 时刻，那么电流的全响应为

$$i_L(t) = (I_0 - I_S)\mathrm{e}^{-\frac{R}{L}t} + I_S = (I_0 - I_S)\mathrm{e}^{-\frac{t}{\tau}} + I_S$$

其中 I_0 为电感电流的初始值 $i_L(0^+)$；I_S 是 $t \to \infty$ 时的电流值，$i_L(\infty)$ 是稳态值；τ 为时间常数。

在 RC 或 RL 电路中，不管电路结构和参数如何，换路后，描述电路特性与激励关系的方程为一阶微分方程，其数学模型为

$$\begin{cases} \dfrac{\mathrm{d}y}{\mathrm{d}t} + S_1 y = F \\ y(0^+) \end{cases}$$

则对于任意一阶微分方程，当它输入电源为稳定激励（直流）时，任意电压、电流响应的形式可表示为

$$y(t) = (y(0^+) - y(\infty))\mathrm{e}^{-\frac{t}{\tau}} + y(\infty) \qquad (3-12)$$

将此公式称为**三要素公式**。其中 $y(t)$ 可以代表电路中的任一电压或电流；$y(0^+)$ 表示该电压或电流的初始值；$y(\infty)$ 表示该电压或电流的稳态值；τ 表示电路的时间常数。只要知道 $y(0^+)$、τ、$y(\infty)$ 即可，而它们均可不用列微分方程求得。

例 3-3 电路如图 3-6 所示，求 $u_C(t)$、$i_C(t)$、$i_1(t)$。

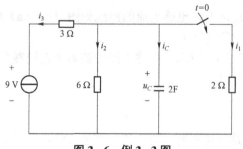

图 3-6 例 3-3 图

解　$t = 0^-$ 时，开关处于断开状态，电容 C 相当于开路。

（1）求初值。

$$u_C(0^-) = \frac{6}{6 \times 3} \times 9 = 6 \ (\text{V})$$

$$u_C(0^+) = u_C(0^-) = 6 \ (\text{V})$$

（2）求终值。$t \to \infty$ 时，电路将再次进入稳态。

$$u_C(\infty) = \frac{9}{3 + \dfrac{6 \times 2}{6 + 2}} \times \frac{6 \times 2}{6 + 2} = 3 \ (\text{V})$$

（3）求时间常数。把电容 C 开路，并将电压源短路，R 为从电容向外看的等效电阻：

$$R_o = \frac{6 \times 3}{6 + 3} \div 2 = 1 \ (\Omega)$$

$$\tau = R_o C = 1 \times 2 = 2 \ (\text{s})$$

代入三要素公式：

$$u(t) = (u(0^+) - u(\infty)) \mathrm{e}^{-\frac{t}{\tau}} + u(\infty)$$

$$= (6 - 3) \mathrm{e}^{-\frac{t}{2}} + 3$$

$$= 3 + 3 \mathrm{e}^{-\frac{t}{2}} \ (\text{V})$$

求其他电量：

$$i_C(t) = C \frac{\mathrm{d}u_C}{\mathrm{d}t} = 2 \times 3 \times \left(-\frac{1}{2}\right) \mathrm{e}^{-\frac{t}{2}} = -3\mathrm{e}^{-\frac{t}{2}} \ (\text{A}) \quad (t \geqslant 0^+)$$

$$i_1(t) = \frac{u_C}{2} = (1.5 + 1.5\mathrm{e}^{-\frac{t}{2}}) \ \text{A}$$

第二篇 数字电路

第4章
数字逻辑基础

4.1 数 制

数字电路所处理的各种数字信号都是以数码形式给出的。不同的数码既可以用来表示不同数量的大小，又可以用来表示不同的事物或事物的不同状态。用数码表示数量的大小时，一位数码往往不够用，因此经常需要用进位计数制的方法组成多位数码使用。多位数码中每一位的构成方法和从低位到高位的进位规则称为**数制**。数字电路中使用最多的数制是二进制，其次是在二进制的基础上构成的十六进制和十进制，有时也用到八进制。当两个数码分别表示两个数量时，可以进行数量的加、减、乘、除等运算。这一类运算称为**算术运算**。

4.1.1 几种常见数制

1. 十进制

十进制是日常生活中使用最广泛的计数制。组成十进制数的有 0、1、2、3、4、5、6、7、8、9 共 10 个符号，称这些符号为数码。在十进制中，每一位有 0~9 共 10 个数码，所以计数的基数为 10。超过 9 就必须用多位数来表示。十进制数的运算遵循加法时"逢十进一"、减法时"借一当十"的原则。

十进制数中，数码的位置不同，所表示的值就不相同。如：

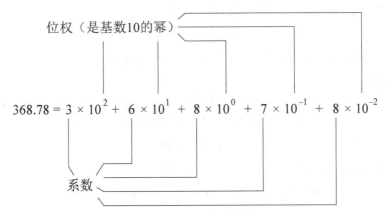

式中，每个对应的数码有一个系数 1 000、100、10、1 与之对应，这个系数叫作**权或位权**。

任意十进制数可表示为

$$D = \Sigma k_i \times 10^i = k_{n-1} \cdot 10^{n-1} + k_{n-2} \cdot 10^{n-2} + \cdots + k_1 \cdot 10^1 + k_0 \cdot 10^0 + k_{-1} \cdot 10^{-1} +$$
$$k_{-2} \cdot 10^{-2} + \cdots + k_{-m} \cdot 10^{-m} \tag{4-1}$$

式中，k_i 为 0～9 中的任意数码；10 为进制的基数；10^i 为第 i 位的权；m 和 n 为正整数，n 为整数部分的位数，m 为小数部分的位数。

若以 N 取代式（4-1）中的 10，即可得到多位任意进制（N 进制）数展开式的普遍形式：

$$D = \Sigma k_i \times N^i \tag{4-2}$$

式中 i 的取值与式（4-1）的规定相同。N 称为计数的基数，k_i 为第 i 位的系数，N_i 称为第 i 位的权。

2. 二进制

十进制数在计算机中无法使用，因为要找到表达 10 个状态的物理元件比较困难，要完成十进制的加、减、乘、除运算也比较复杂。所以，数字电路（通信）和计算机中常用二进制数，及相应变形的八/十六进制数。

在二进制数中，每一位仅有 0 和 1 两个可能的数码，所以计数基数为 2。低位和相邻高位间的进位关系为"逢二进一"。

根据式（4-2），任何一个二进制数均可展开为

$$D = \Sigma k_i \times 2^i \tag{4-3}$$

并可用上式计算出它所表示的十进制数的大小。例如

$$(101.11)_2 = 1 \times 2^2 + 0 \times 2^1 + 1 \times 2^0 + 1 \times 2^{-1} + 1 \times 2^{-2} = (5.75)_{10}$$

上式中分别使用下脚注 "2" 和 "10" 表示括号里的数是二进制数和十进制数。有时也用 B（Binary）和 D（Decimal）代替 "2" 和 "10" 这两个下脚注。

3. 八进制

在某些场合有时也使用八进制数。八进制数的每一位有 0～7 共 8 个不同的数码，计数的基数为 8。低位和相邻高位间的进位关系为"逢八进一"。任意一个八进制数均可展开为

$$D = \Sigma k_i \times 8^i \tag{4-4}$$

也可用上式计算出它所表示的十进制数的大小，例如：

$$(12.4)_8 = 1 \times 8^1 + 2 \times 8^0 + 4 \times 8^{-1} = (10.5)_{10}$$

有时也用 O（Octal）代替下脚注 "8"，表示八进制数。

4. 十六进制

十六进制数的每一位有 16 个不同的数码，分别用 0～9、A（10）、B（11）、C（12）、D（13）、E（14）、F（15）表示，故任意一个十六进制数均可展开为

$$D = \Sigma k_i \times 16^i \tag{4-5}$$

并可用上式计算出它所表示的十进制数的大小，例如：

$$(2A.7F)_{16} = 2 \times 16^1 + 10 \times 16^0 + 7 \times 16^{-1} + 15 \times 16^{-2}$$

$$= (42.496\ 093\ 7)_{16}$$

式中使用下脚注 "16" 表示括号里的数是十六进制数。有时也用 H（Hexadecimal）代替下脚注 "16"。

由于目前在微型计算机中普遍采用 8 位、16 位和 32 位二进制数进行运算，而 8 位、16 位和 32 位的二进制数可以用 2 位、4 位和 8 位的十六进制数表示，因而十六进制符号书写程序十分简便。

表 4-1 所示为十进制数 0~15 与等值二进制数、八进制数、十六进制数的对照。

表 4-1　不同进制数的对照

十进制数（D）	二进制数（B）	八进制数（O）	十六进制数（H）
00	0000	00	0
01	0001	01	1
02	0010	02	2
03	0011	03	3
04	0100	04	4
05	0101	05	5
06	0110	06	6
07	0111	07	7
08	1000	10	8
09	1001	11	9
10	1010	12	A
11	1011	13	B
12	1100	14	C
13	1101	15	D
14	1110	16	E
15	1111	17	F

4.1.2　不同数制的转换

1. 任意进制数转换为十进制数

任意进制数转换为十进制数只需按权展开，加权即可。

例 4-1　将下列数字转换为相应的十进制数。

（1）$(101.01)_2$；（2）$(137.504)_8$；（3）$(2AF.4)_{16}$。

解　按权展开，系数为 0 可忽略。

（1）$(101.01)_2 = 1 \times 2^2 + 0 \times 2^1 + 1 \times 2^0 + 0 \times 2^{-1} + 1 \times 2^{-2} = (5.25)_{10}$。

（2）$(137.5)_8 = 1 \times 8^2 + 3 \times 8^1 + 7 \times 8^0 + 5 \times 8^{-1} = (95.625)_{10}$。

（3）$(2AF.4)_{16} = 2 \times 16^2 + 10 \times 16^1 + 15 \times 16^0 + 4 \times 16^{-1} = (687.25)_{16}$。

2. 十进制数转换为任意进制数

将十进制数转换为 R 进制数，需将十进制数的整数部分和小数部分分别进行转换，然后将它们合起来。

方法：逐次除以基数 R 取余数。步骤如下：

（1）将给定的十进制整数除以 R，余数作为 R 进制数的最低位。

（2）把前一步的商除以 R，余数作为次低位。

（3）重复上一步骤，记下余数，直至最后商为 0，最后的余数即 R 进制的最高位。

（4）将小数部分逐次乘以 R，取乘积的整数部分作为 R 进制数各有关数位。

（5）乘积的小数部分继续乘以 R，直至最后乘积为 0 或达到一定精度。

例 4-2 将十进制数 $(53)_{10}$ 转换为二进制数。

解 $(53)_{10} = (110101)_2$。计算步骤如下：

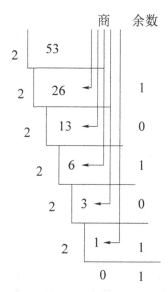

例 4-3 将十进制小数 $(0.375)_{10}$ 转换成二进制数。

解 $(0.375)_{10} = (0.011)_2$。计算步骤如下（直到乘积为 0 或达到一定精度）：

$$
\begin{array}{r}
0.375 \\
\times \quad 2 \quad\quad 0 \\
\hline
[0.]750 \\
\times \quad 2 \quad\quad 1 \\
\hline
[1.]500 \\
\times \quad 2 \quad\quad 1 \\
\hline
[1.]000
\end{array}
$$

将一个带有整数和小数的十进制数转换成 R 进制数时，需将整数部分和小数部分分别进行转换，然后将结果合并起来。因此有：

$$(53.375)_{10} = (110101.011)_2$$

3. 二-八转换

基数 R 为 2^k 的各进制数之间相互转换时，3 位二进制数构成 1 位八进制数，4 位二进制数构成 1 位十六进制数。例如：

二进制数　<u>110101.011000111</u>

八进制数　　6 5 . 3 0 7

即 $(110101.011000111)_2 = (65.307)_8$。

4. 二–十六转换

如前所述，4 位二进制数构成 1 位十六进制数。例如：

二进制数　<u>110101.011000111000</u>

八进制数　　3 5 . 6 3 8

5. 八–十六转换

八进制数和十六进制数之间转换时，需要先转换为二进制数。例如：

$$(BE.29D)_{16} = (10\ 111\ 110.001\ 010\ 011\ 101)_2$$
$$= (2\ 7\ 6\ .\ 1\ 2\ 3\ 5)_8$$

4.2　编　　码

在用不同数码表示不同事物或事物的不同状态时，这些数码已经不再具有表示数量大小的含义了，它们只是不同事物的代号而已。将这些数码称为**代码**。例如在举行长跑比赛时，为便于识别运动员，通常要给每一位运动员编一个号码。显然，这些号码仅表示不同的运动员，而没有数量大小的含义。为了便于记忆和查找，在编制代码时要遵循一定的规则，这些规则就称为**码制**。每个人都可以根据自己的需要选定编码规则，编制出一组代码。考虑到信息交换的需要，还必须制定一些大家共同使用的通用代码。例如目前国际上通用的美国信息交换标准代码（ASCII 码）就属于这一种。

4.2.1　几种常用的编码

1. 十进制代码

为了用二进制代码表示十进制数的 0～9 这 10 个状态，二进制代码至少应当有 4 位。4 位二进制代码一共有 16 个（0000～1111），取其中哪 10 个以及如何与 0～9 相对应，有许多种方案。表 4–2 列出了常见的几种十进制代码，它们的编码规则各不相同。

表 4–2　几种常见的十进制代码

状态	8421 码	余 3 码	2421 码	5121 码	余 3 循环码	移存码
0	0000	0011	0000	0000	0010	0001
1	0001	0100	0001	0001	0110	0010
2	0010	0101	0010	0010	0111	0100
3	0011	0110	0011	0011	0101	1001
4	0100	0111	0100	0111	0100	0011
5	0101	1000	1011	1000	1100	0111

状态	8421 码	余 3 码	2421 码	5121 码	余 3 循环码	移存码
6	0110	1001	1100	1100	1101	1111
7	0111	1010	1101	1101	1111	1110
8	1000	1011	1110	1110	1110	1100
9	1001	1100	1111	1111	1010	1000

8421 码又称 BCD（BinaRy Coded Decimal）码，是十进制代码中最常用的一种。在这种编码方式中，每一位二值代码的 1 都代表一个固定数值，将每一位的 1 代表的十进制数加起来，得到的结果就是它所代表的十进制数码。由于代码中从左到右每一位的 1 分别表示 8、4、2、1，所以将这种代码称为 8421 码。每一位的 1 代表的十进制数称为这一位的权。8421 码中每一位的权是固定不变的，它属于恒权代码。

余 3 码的编码规则与 8421 码不同，如果把每一个余 3 码看作 4 位二进制数，则它的数值比它所表示的十进制数码多 3，故将这种代码称为余 3 码。如果将两个余 3 码相加，所得的和将比十进制数的和所对应的二进制数多 6。因此，在用余 3 码作十进制加法运算时，若两数之和为 10，正好等于二进制数的 16，于是便从高位自动产生进位信号。

此外，从表 4-2 还可以看出，0 和 9、1 和 8、2 和 7、3 和 6、4 和 5 的余 3 码互为反码，这对于求取对 10 的补码是很方便的。余 3 码不是恒权代码。如果试图将每个代码视为二进制数，并使它等效的十进制数与所表示的代码相等，那么代码中每一位的 1 所代表的十进制数在各个代码中不能是固定的。

2421 码是一种恒权代码，它的 0 和 9、1 和 8、2 和 7、3 和 6、4 和 5 也互为反码，这个特点和余 3 码相似。

余 3 循环码是一种变权码，每一位的 1 在不同代码中并不代表固定的数值。它的主要特点是相邻的两个代码之间仅有一位的状态不同。

2. 格雷码

格雷码（Gray Code）又称循环码。从表 4-3 所示的 4 位格雷码编码中可以看出格雷码的构成方法，即每一位的状态变化都按一定的顺序循环。如果从 0000 开始，最右边一位的状态按 0110 的顺序循环变化，右边第二位的状态按 00111100 的顺序循环变化，右边第三位按 0000111111110000 的顺序循环变化。可见，自右向左，每一位状态循环中连续的 0、1 数目增加一倍。由于 4 位格雷码只有 16 个，所以最左边一位的状态只有半个循环，即 0000000011111111。按照上述原则，很容易得到更多位数的格雷码。

与普通的二进制代码相比，格雷码的最大优点就在于当它按照表 4-3 所示的编码顺序依次变化时，相邻两个代码之间只有一位发生变化。这样在代码转换的过程中就不会产生过渡噪声。而在普通二进制代码的转换过程中，则有时会产生过渡噪声。例如，第四行的二进制代码 0011 转换为第五行的 0100 的过程中，如果最右边一位的变化比其他两位的变化慢，就会在一个极短的瞬间出现 0101 状态，这个状态将成为转换过程中出现的噪声。而在第四行的格雷码 0010 向第五行的 0110 转换的过程中则不会出现过渡噪声。这种过渡噪声在有些情况下甚至会影响电路的正常工作，这时必须采取措施加以避免。

表 4-3　4 位格雷码与二进制代码的比较

编码顺序	二进制代码	格雷码
0	0000	0000
1	0001	0001
2	0010	0011
3	0011	0010
4	0100	0110
5	0101	0111
6	0110	0101
7	0111	0100
8	1000	1100
9	1001	1101
10	1010	1111
11	1011	1110
12	1100	1010
13	1101	1011
14	1110	1001
15	1111	1000

十进制代码中的余 3 循环码就是取 4 位格雷码中的 10 个代码组成的，它仍然具有格雷码的优点，即两个相邻代码之间仅有一位不同。

3. 奇偶校验码（检错码）

奇偶校验位给出一个数中 1 的个数是奇数还是偶数。许多系统都使用一个奇偶校验位，作为位错误检测的手段。任意的多位数组都包含奇数个 1 或偶数个 1。将一个奇偶校验位附加到多位数组中，使得该组数中 1 的个数总是偶数或者总是奇数。一个偶校验位使 1 的总数为偶数，而奇校验位使 1 的总数为奇数。

一个给定的系统运行于偶校验或者奇校验，而不是同时运行于两者。例如，如果某系统运行于偶校验，则对于所接收的每一个多位数组都做一个检查，以确保这个多位数组中 1 的总数是偶数。如果有奇数个 1，就有一个错误发生。

作为对奇偶校验位怎样附加到编码中的一个说明，表 4-4 列出了每个 BCD 码的偶校验和奇校验的奇偶校验位。每个 BCD 码的校验位处于 P 列。

表 4-4　带奇偶校验位的 BCD 码

偶校验		奇校验	
校验位 P	BCD 码	校验位 P	BCD 码
0	0000	1	0000
1	0001	0	0001

偶校验		奇校验	
校验位 P	BCD 码	校验位 P	BCD 码
1	0010	0	0010
0	0011	1	0011
1	0100	0	0100
0	0101	1	0101
0	0110	1	0110
1	0111	0	0111
1	1000	0	1000
0	1001	1	1001

奇偶校验位可以附加到码的开头或者结尾，这取决于系统的设计。注意，1 的总数，包括奇偶校位上的 1，对于偶校验总是偶数，对于奇校验总是奇数。

检测一个错误：奇偶校验位提供了单个位错误的检测（或者任何奇数个错误，这种可能性较小），但是不能检测一组数中的两个错误。例如，假设希望传送 BCD 码 0101（奇校验可以应用于任何位数的码；使用 4 位作为说明）。所传送的总的码，包括偶校验位如下所示：

现在，假设从左边数第 3 位发生了错误（1 变为 0），如下所示：

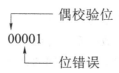

当该码被接收时，奇偶校验检测电路检测出只有一个 1（奇数），但是应当有偶数个 1。因为在码被接收时，偶数个 1 没有出现在码中，所以就指出了一个错误。

奇偶校验码是以牺牲信息传输能力来获得检错性能的。校验位越多，传输能力越差。

4.3 逻辑代数

在上一节已经讲过，不同的数码不仅可以表示数量的不同大小，还能用来表示不同的事物。在数字逻辑电路中，用 1 位二进制数码的 0 和 1 表示一个事物的两种不同逻辑状态。例如，可以用 1 和 0 分别表示一件事情的是和非、真和伪、有和无、好和坏，或者表示电路的通和断、电灯的亮和暗、门的开和关等。这种只有两种对立逻辑状态的逻辑关系称为**二值逻辑**。

所谓"逻辑"，在这里是指事物间的因果关系。当两个二进制数码表示不同的逻辑状态时，它们之间可以按照指定的某种因果关系进行推理运算。这种运算称为**逻辑运算**。

1849 年，英国数学家乔治·布尔（George Boole）首先提出了进行逻辑运算的数学方法布尔代数。后来，由于布尔代数被广泛应用于解决开关电路和数字逻辑电路的分析与设计中，所以也将布尔代数称为开关代数或**逻辑代数**。本节所讲的逻辑代数就是布尔代数在二值逻辑电路中的应用。下面将会看到，虽然有些逻辑代数的运算公式在形式上和普通代数的运算公式雷同，但是两者所包含的物理意义有本质的不同。逻辑代数中也用字母表示变量，这种变量称为**逻辑变量**。逻辑运算表示的是逻辑变量以及常量之间逻辑状态的推理运算，而不是数量之间的运算。

虽然在二值逻辑中，每个变量的取值只有 0 和 1 两种可能，只能表示两种不同的逻辑状态，但是可以用多变量的不同状态组合表示事物的多种逻辑状态，处理任何复杂的逻辑问题。

逻辑代数基本运算有与（AND）、或（OR）、非（NOT）3 种。下面结合指示灯控制电路的实例分别进行讨论。

4.3.1 逻辑代数的 3 种基本运算

1. 与运算（逻辑与）

与运算（逻辑与）是指决定事物结果的全部条件同时具备时，结果才发生。由图 4-1 可以看出，只有 A 和 B 两个开关全部接通时，指示灯 Y 才会亮；如果有一个开关断开，或两个开关均断开，则指示灯 Y 不会亮。

图 4-1　串联开关电路

这种逻辑关系可表示为

$$Y = A \cdot B \tag{4-6}$$

若两个开关用 A、B 表示，并用 1 表示开关闭合，用 0 表示开关断开，指示灯用 Y 表示，并用 1 表示灯亮，用 0 表示灯不亮，则可以列出用 0、1 表示的与逻辑关系的图表，见表 4-5。这种图表叫作**逻辑真值表**，简称**真值表**。

表 4-5　与逻辑真值表

A	B	Y
0	0	0
0	1	0
1	0	0
1	1	1

在数字电路系统中，实现与运算的电路为与门，其电路符号如图 4-2 所示。

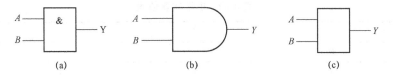

图 4-2　与门电路符号

（a）国标符号；（b）、（c）习惯画法

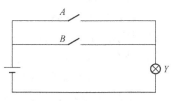

图4-3 并联开关电路

2. 或运算（逻辑或）

或运算（逻辑或）是指决定事物结果的所有条件中只要有任何一个满足，结果就会发生。这种因果关系叫作**逻辑或**，也叫作**或逻辑关系**。由图4-3可以看出，显然，只要任何一个开关（A或B）闭合，指示灯Y就会亮；如果两个开关均断开，则指示灯Y不会亮。

这种逻辑关系可表示为

$$Y = A + B \qquad (4-7)$$

按照前述假设，或逻辑真值表见表4-6。

表4-6 或逻辑真值表

A	B	Y
0	0	0
0	1	1
1	0	1
1	1	1

在数字电路系统中，实现或运算的电路为或门，其电路符号如图4-4所示。

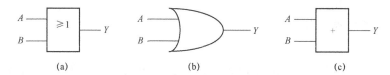

图4-4 或门电路符号

（a）国标符号；（b）、（c）习惯画法

3. 非运算（逻辑非）

非运算（逻辑非）是指只要条件具备，结果便不会发生，而条件不具备时，结果一定发生。这种因果关系叫作**逻辑非**，也叫作**非逻辑关系**。

图4-5 开关与灯并联电路

由图4-5所示电路可知，当开关A接通时，指示灯Y不亮，而当开关A断开时，指示灯Y亮。

这种逻辑关系可表示为

$$Y = \overline{A} \qquad (4-8)$$

同理，非逻辑真值表见表4-7。

表4-7 非逻辑真值表

A	Y
0	1
1	0

在数字电路系统中，实现非运算的电路为非门（也叫反相器），其电路符号如图4-6所示。

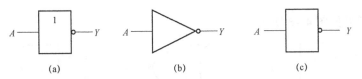

图 4-6　非门电路符号

（a）国标符号；（b）、（c）习惯画法

4.3.2　常见的复合逻辑

实际的逻辑问题往往比与、或、非复杂得多，不过它们都可以用与、或、非的组合来实现。最常见的复合逻辑运算有与非、或非、与或非、异或、同或等。

1. 与非

（1）定义：将输入变量先进行与运算，然后进行非运算。

$$Y = \overline{A \cdot B} = \overline{AB} \qquad (4-9)$$

（2）与非逻辑真值表见表 4-8。

表 4-8　与非逻辑真值表

A	B	Y
0	0	1
0	1	1
1	0	1
1	1	0

（3）电路符号如图 4-7 所示。

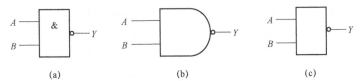

图 4-7　与非门电路符号

（a）国标符号；（b）、（c）习惯画法

2. 或非

（1）定义：将输入变量先进行或运算，然后进行非运算。

$$Y = \overline{A + B} \qquad (4-10)$$

（2）或非逻辑真值表见表 4-9。

表 4-9　或非逻辑真值表

A	B	Y
0	0	1
0	1	0
1	0	0
1	1	0

（3）电路符号如图4-8所示。

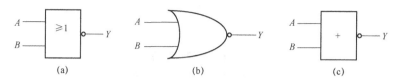

图4-8　或非门电路符号

（a）国标符号；（b）、（c）习惯画法

3. 与或非

（1）定义：先将输入变量进行与运算，然后进行或非运算。

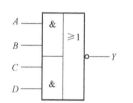

图4-9　与或非门电路符号

（2）与或非逻辑真值表（略）。

（3）电路符号如图4-9所示。

4. 异或和同或

（1）定义：**异或**是只有两个输入变量的值相异时，输出为1，否则为0。表达式如下：

$$Y = A \oplus B = A\bar{B} + \bar{A}B \tag{4-11}$$

同或是只有两个输入变量的值相同时，输出为1，否则为0，表达式如下：

$$Y = A \odot B = \bar{A}\bar{B} + AB \tag{4-12}$$

（2）异或逻辑真值表见表4-10，同或逻辑真值表见表4-11。

表4-10　异或逻辑真值表

A	B	Y
0	0	0
0	1	1
1	0	1
1	1	0

表4-11　同或逻辑真值表

A	B	Y
0	0	1
0	1	0
1	0	0
1	1	1

（3）电路符号如图4-10、图4-11所示。

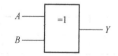

图4-10　异或门电路符号

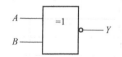

图4-11　同或门电路符号

（4）结论：同或与异或逻辑正好相反。

$$A \odot B = \overline{A \oplus B}$$

$$A \oplus B = \overline{A \odot B}$$

（4−13）

4.3.3 逻辑代数的基本定律及规则

逻辑代数作为一种代数，有自己的特点和运算规则。下面介绍逻辑代数的基本定律、常用公式和重要规则。

1. 基本定律

表 4−12 给出了逻辑代数的基本定律。这些定律的正确性可以用真值表加以证明。如果等式成立，那么将任何一组变量的取值代入，等式两边所得结果应该相等。由于真值表是所有变量取值的组合，因此等式两边的真值表相等便可以说明等式两边相等。

表 4−12　逻辑代数的基本定律

名称	表达式
0−1 律	$1+A=1$，$0 \cdot A=0$
自等律	$A+0=A$，$A \cdot 1=A$
重叠律	$A+A=A$，$A \cdot A=A$
互补律	$A+\overline{A}=1$，$A \cdot \overline{A}=0$
交换律	$A+B=B+A$，$A \cdot B=B \cdot A$
结合律	$(A+B)+C=A+(B+C)$，$(A \cdot B) \cdot C=A \cdot (B \cdot C)$
分配律	$A \cdot (B+C)=A \cdot B+A \cdot C$，$A+BC=(A+B)(A+C)$
反演律（摩根定律）	$\overline{A+B}=\overline{A}\overline{B}$，$\overline{AB}=\overline{A}+\overline{B}$
还原律	$\overline{\overline{A}}=A$

这些公式的正确性可以用列真值表的方法加以验证。如果等式成立，那么将任何一组变量的取值代入公式两边所得的结果应该相等。因此，等式两边所对应的真值表也必然相同。

例 4−4　用真值表证明表 4−12 中分配律的正确性。

解　由表 4−13 得 $A+BC=(A+B)(A+C)$。

表 4−13　分配律的真值表

A	B	C	BC	$A+BC$	$A+B$	$A+C$	$(A+B) \cdot (A+C)$
0	0	0	0	0	0	0	0
0	0	1	0	0	0	1	0
0	1	0	0	0	1	0	0
0	1	1	1	1	1	1	1
1	0	0	0	1	1	1	1
1	0	1	0	1	1	1	1
1	1	0	0	1	1	1	1
1	1	1	1	1	1	1	1

2. 常用公式

逻辑代数常用公式见表4-14。

表4-14 逻辑代数常用公式

序号	公　式
1	$A + AB = A$
2	$A + \bar{A}B = A + B$
3	$AB + A\bar{B} = A$
4	$A(A + B) = A$
5	$AB + \bar{A}C + BC = AB + \bar{A}C$
6	$\overline{A\overline{AB}} = A\bar{B}$，$\overline{\bar{A}AB} = \bar{A}$

3. 重要规则

逻辑代数有3条重要规则，即代入规则、反演规则和对偶规则。这3条规则在逻辑运算中十分有用。

1）代入规则

在任何一个包含变量A的逻辑等式中，若以另外一个逻辑式代入式中所有A的位置，则等式仍然成立。

例4-5 用代入规则证明分配律也使用于多变量的情况。

解 已知$A(B + E) = AB + AE$成立，则将E的位置换为$(C + D)$后，

左边：$A(B + (C + D)) = AB + A(C + D) = AB + AC + AD$；

右边：$AB + A(C + D) = AB + AC + AD$。

左边=右边，等式成立。

2）反演规则

对于任意一个逻辑函数表达式F，若将其中所有的"·"变成"+"，"+"变成"·"，0变成1，1变成0，原变量变成反变量，反变量变成原变量，则得到的结果就是逻辑函数F的反函数。

反演规则为求取已知逻辑函数表达式的反逻辑函数表达式提供了方便。

提示：在使用反演规则时还需注意遵守以下两个规则。

（1）"先括号，然后与，最后或"的运算优先次序；

（2）不属于单个变量上的反号应保留不变。

例4-6 已知$F = A(B + C) + CD$，求$\bar{F}$。

解 根据反演规则可写出：

$$\bar{F} = (\bar{A} + \bar{B}\bar{C})(\bar{C} + \bar{D})$$
$$= \bar{A}\bar{C} + \bar{B}\bar{C} + \bar{A}\bar{D} + \bar{B}\bar{C}\bar{D}$$
$$= \bar{A}\bar{C} + \bar{B}\bar{C} + \bar{A}\bar{D}$$

如果利用基本定律和常用公式进行运算，也能得到同样的结果，但是麻烦得多。

3）对偶规则

对于任何一个逻辑函数表达式 F，若将其中的"·"换成"+"，"+"换成"·"，则得到一个新的逻辑表达式 F'，这个 F' 就叫作 F 的对偶表达式，或者说 F 和 F' 互为对偶式。若两个逻辑表达式相等，则它们的对偶表达式也相等。

例如，若 $F = A(B+C)$，则 $F' = A+BC$；若 $F = A(B+\overline{C})$，则 $F' = A+(B\overline{C})$。

提示：函数的对偶式和反演式是不同的。在求对偶式时，不需要将原变量和反变量进行互换。

4.4　逻 辑 函 数

4.4.1　逻辑函数及其描述方法

逻辑函数描述的是输入逻辑变量和输出逻辑变量间的因果关系，可以用逻辑函数表达式、逻辑真值表、逻辑图、卡诺图和波形图等方法来表示。

从前面讲过的各种逻辑关系中可以看到，如果以逻辑变量作为输入，以运算结果作为输出，那么当输入变量的取值确定之后，输出的取值便随之而定。因此，输出与输入是一种函数关系。这种函数关系称为**逻辑函数**，写作

$$Y = F(A, B, C, \cdots)$$

由于变量和输出（函数）的取值只有 0 和 1 两种状态，所以这里讨论的都是二值逻辑函数。

任何一件具体的因果关系都可以用一个逻辑函数描述。例如，图 4−12 所示是一个举重裁判电路，可以用一个逻辑函数描述它的逻辑功能。

比赛规则规定，在一名主裁判和两名副裁判中，必须有两人以上（而且必须包括主裁判）认定运动员的动作合格，试举才算成功。比赛时主裁判掌握着开关 A，两名副裁判分别掌握着开关 B 和 C。当运动员举起杠铃时，裁判认为动作合格了就合上开关，否则不合。显然，指示灯 Y 的状态（亮与暗）是开关 A、B、C 状态（合上与断开）的函数。

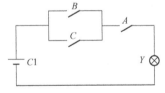

图 4−12　举重裁判电路

若以 1 表示开关闭合，以 0 表示开关断开；以 1 表示灯亮，以 0 表示灯暗，则指示灯 Y 是开关 A、B、C 的二值逻辑函数，即

$$Y = F(A, B, C)$$

常用的逻辑函数表示方法有逻辑真值表、逻辑函数表达式、逻辑图、波形图和卡诺图等。用卡诺图表示逻辑函数的方法将在下一节专门介绍，本小节只介绍前 3 种表示方法。

1. 逻辑函数表达式

把输出与输入之间的逻辑关系写成与、或、非等运算的组合式，即逻辑代数式，就得到了所需的逻辑函数表达式。

在图 4−12 所示的电路中，根据对电路功能的要求及与、或的逻辑定义，"B 和 C 中至少有一个合上"可以表示为 $(B+C)$，"同时还要求合上 A"，则应写作 $A \cdot (B+C)$。由此得到输

出的逻辑函数式：

$$Y = A \cdot (B + C) \tag{4-14}$$

2. 逻辑真值表

将输入变量所有取值下对应的输出值找出来，列成表格，即可得到逻辑真值表。

仍以图 4-12 所示电路为例，可列出对应的逻辑真值表，见表 4-15。

表 4-15　图 4-12 的逻辑真值表

输入			输出
A	B	C	Y
0	0	0	0
0	0	1	0
0	1	0	0
0	1	1	0
1	0	0	0
1	0	1	1
1	1	0	1
1	1	1	1

3. 逻辑图

将逻辑函数中各变量之间的与、或、非等逻辑关系用图形符号表示出来，就可以得到表示函数关系的逻辑图。

图 4-13 所示为电路功能的逻辑图，只要用逻辑运算的图形符号代替式中的代数运算符号便可得到。

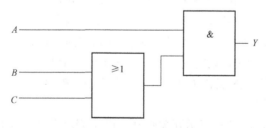

图 4-13　图 4-12 的逻辑图

4.4.2　逻辑函数的两种标准形式

在讲述逻辑函数的标准形式之前，先介绍最小项和最大项的概念，然后介绍逻辑函数的"最小项之和"及"最大项之积"这两种标准形式。

1. 最小项和最大项

1）最小项

在 n 变量逻辑函数中，若 m 为包含 n 个因子的乘积项，而且这 n 个变量均以原变量或反变量的形式在 m 中出现一次，则称 m 为该组变量的**最小项**。

例如，3 个变量 A、B、C 的最小项有 $\overline{A}\,\overline{B}\,\overline{C}$、$\overline{A}\,\overline{B}C$、$\overline{A}B\overline{C}$、$\overline{A}BC$、$A\overline{B}\,\overline{C}$　$A\overline{B}C$、$AB\overline{C}$、ABC 共 8 个（即 2^3 个）最小项。n 个变量的最小项应有 2^n 个。

输入变量的每一组取值都使一个对应的最小项的值等于 1。例如在 3 变量 A、B、C 的最小项中，当 $A=1$，$B=0$，$C=1$ 时，$A\overline{B}C=1$。如果把 A、B、C 的取值 101 看作一个二进制数，那么它所表示的十进制数就是 5。为了今后使用方便，将这个最小项记作 m_5。按照这一约定，A、B、C 3 变量的最小项记作 m_0、m_1、m_2　m_3、m_4、m_5、m_6、m_7，见表 4-16。

表 4-16　3 变量最小项的编号

最小项	使最小项取值为 1 的变量取值			对应的十进制数	编号
	A	B	C		
$\overline{A}\,\overline{B}\,\overline{C}$	0	0	0	0	m_0
$\overline{A}\,\overline{B}C$	0	0	1	1	m_1
$\overline{A}B\overline{C}$	0	1	0	2	m_2
$\overline{A}BC$	0	1	1	3	m_3
$A\overline{B}\,\overline{C}$	1	0	0	4	m_4
$A\overline{B}C$	1	0	1	5	m_5
$AB\overline{C}$	1	1	0	6	m_6
ABC	1	1	1	7	m_7

根据同样的道理，把 A、B、C、D 这 4 个变量的 16 个最小项记作 $m_0 \sim m_{15}$。

从最小项的定义出发，可以证明它具有如下重要性质：

（1）输入变量的任何取值下必有一个最小项，且仅有一个最小项的值为 1。

（2）全体最小项之和为 1。

（3）任意两个最小项的乘积为 0。

（4）n 个变量的最小项有 n 个相邻最小项。

若两个最小项只有一个因子不同，则称这两个最小项具有**相邻性**（称为逻辑相邻）。例如，$\overline{A}B\overline{C}$ 和 $AB\overline{C}$ 两个最小项仅第一个因子不同，所以它们具有相邻性。这两个最小项相加时定能合并成一项并将一对不同的因子消去，即

$$\overline{A}B\overline{C} + AB\overline{C} = (\overline{A} + A)B\overline{C} = B\overline{C}$$

2）最大项

在 n 变量逻辑函数中，若 M 为 n 个变量之和，而且这 n 个变量均以原变量或反变量的形式在 M 中出现一次，则称 M 为该组变量的**最大项**。

输入变量的每一组取值都使一个对应的最大项的值为 0。例如，在 3 变量 A、B、C 的最大项中，$A=1$，$B=0$，$C=1$ 时，$(\overline{A} + B + \overline{C}) = 0$。若将使最大项为 0 的 ABC 取值视为一个二进制数，并以其对应的十进制数给最大项编号，则 $(\overline{A} + B + \overline{C})$ 可记作 M_5。由此得到的 3 变量的最大项的编号，见表 4-17。

表4-17　3变量最大项的编号

最大项	使最大项取值为0的变量取值			对应的十进制数	编号
	A	B	C		
$A+B+C$	0	0	0	0	M_0
$A+B+\overline{C}$	0	0	1	1	M_1
$A+\overline{B}+C$	0	1	0	2	M_2
$A+\overline{B}+\overline{C}$	0	1	1	3	M_3
$\overline{A}+B+C$	1	0	0	4	M_4
$\overline{A}+B+\overline{C}$	1	0	1	5	M_5
$\overline{A}+\overline{B}+C$	1	1	0	6	M_6
$\overline{A}+\overline{B}+\overline{C}$	1	1	1	7	M_7

根据最大项的定义同样也可以得到它的主要性质：

（1）在输入变量的任何取值下必有一个最大项，且仅有一个最大项的值为0。

（2）全体最大项之积为0。

（3）任意两个最大项之和为1。

（4）只有一个变量不同的两个最大项的乘积等于各相同变量之和。

如果将表4-16和表4-17加以对比则可发现，最大项和最小项之间存在如下关系：

$$M_i = \overline{m}_i \tag{4-15}$$

例如，$m_0 = \overline{A}\overline{B}\overline{C}$，则 $\overline{m}_0 = \overline{(\overline{A}\overline{B}\overline{C})} = A+B+C = M_0$。

由以上分析可知，包含 n 个变量的函数共有 2^n 个最大项和最小项。

2. 逻辑函数的最小项之和标准形式

首先将给定的逻辑函数式化为若干项乘积之和的形式（也称"积之和"形式），然后利用基本公式 $A+\overline{A}=1$ 将每个乘积项中缺少的因子补全，则可化为最小项之和的标准形式。此为公式法，也称为拆项法。

例如，给定逻辑函数

$$Y = ABC + \overline{A}CD + \overline{C}D$$

可化为

$$Y = ABCD + ABC\overline{D} + \overline{A}BCD + \overline{A}\overline{B}CD + AB\overline{C}D + A\overline{B}\overline{C}D + \overline{A}B\overline{C}D + \overline{A}\overline{B}\overline{C}D$$

或写作

$$Y = \Sigma_m (0,3,4,7,8,12,14,15)$$

3. 逻辑函数的最大项之积标准形式

利用逻辑代数的基本公式和定理，首先一定能把任何一个逻辑函数式化成若干多项式相乘的**或与**形式（也称"和之积"形式），然后利用基本公式 $AA'=0$ 将每个多项式中缺少的变量补齐，就可以将函数式的**或与**形式化成最大项之积的形式。

4.4.3　逻辑函数的化简

对于一个逻辑函数来说，如果其逻辑表达式比较简单，那么实现这个逻辑表达所需的元器件较少，电路的可靠性也比较高。因此，经常需要通过化简的手段找出逻辑函数的最简形式。

1. 逻辑函数的最简表达式

一个逻辑函数的最简表达式，按照式中变量之间运算关系不同，主要分为最简与或式、最简或与式、最简与非式、最简或非式、最简与或非式 5 种，其中前两种用得最多。利用逻辑代数的基本定律，可以实现表达式之间的互换。

例 4-7　将 $F = AB + \overline{A}C$ 变为或与式。

解：利用反演律（摩根定律）。

$$F = \overline{\overline{F}} = \overline{\overline{AB + \overline{A}C}}$$
$$= \overline{(\overline{A} + \overline{B})(A + \overline{C})}$$
$$= \overline{\overline{A}\,\overline{C} + \overline{B}A + \overline{B}\,\overline{C}}$$
$$= \overline{\overline{A}\,\overline{C} + A\overline{B}}$$
$$= (A + C)(\overline{A} + B)$$

2. 公式化简法

化简逻辑函数的目的就是消去多余的乘积项和每个乘积项中多余的因子，得到逻辑函数式的最简因子。常见的有公式化简法和卡诺图化简法。

公式化简法的原理就是反复使用逻辑代数的基本定律和常用公式消去函数式中多余的乘积项和多余的因子，以求得函数的最简表达式。

公式化简法没有固定的步骤，现将经常使用的方法归纳如下。

1）并项法

利用 $AB + A\overline{B} = A$ 可以将两项合并为一项，并消去 B 和 $\overline{B}$ 这一对因子。根据代入规则，A 和 B 都可以是任何复杂的逻辑式。

例 4-8　用并项法化简下列逻辑函数：

$$Y_1 = \overline{A}B\overline{C} + A\overline{C} + \overline{B}\overline{C}$$
$$Y_2 = A\overline{\overline{B}CD} + A\overline{B}CD$$
$$Y_3 = A\overline{B} + ACD + \overline{A}\,\overline{B} + \overline{A}CD$$

解

$$Y_1 = \overline{A}B\overline{C} + (A + \overline{B})\overline{C} = (\overline{A}B)\overline{C} + \overline{\overline{A}B}\,\overline{C} = \overline{C}$$
$$Y_2 = A(\overline{\overline{B}CD} + \overline{B}CD) = A$$
$$Y_3 = A(\overline{B} + CD) + \overline{A}(\overline{B} + CD) = \overline{B} + CD$$

2）吸收法

利用 $A + AB = A$ 可将 AB 项吸收去。A、B、C 同样也可以是任何一个复杂的逻辑式。

例 4-9 用吸收法化简下列逻辑函数：

$$Y_1 = \overline{AB} + \overline{A}D + \overline{B}C; \quad Y_2 = \overline{AB} + \overline{A}CD + \overline{B}CD$$

解

$$Y_1 = \overline{A} + \overline{B} + \overline{A}D + \overline{B}C = \overline{A} + \overline{B}$$

$$Y_2 = \overline{AB} + (\overline{A} + \overline{B})CD = \overline{AB} + \overline{AB}CD = \overline{A} + \overline{B}$$

3）消去法

用 $A + \overline{A}B = A + B$ 可将 $\overline{A}B$ 中的 A 消去。A、B 可以是任何复杂的逻辑式。

例 4-10 用消去法化简下列逻辑函数：

$$Y_1 = \overline{B} + ABC$$

$$Y_2 = AB + \overline{A}C + \overline{B}C$$

解 $Y_1 = \overline{B} + AC$

$$Y_2 = AB + (\overline{A} + \overline{B})C = AB + \overline{AB}C = AB + C$$

4）配项法

根据 $A + A = A$，可以在逻辑函数式中重复写入某一项，有时能获得更加简单的化简结果。

例 4-11 试化简逻辑函数 $Y = \overline{A}B\overline{C} + \overline{A}BC + ABC$。

解 若在式中重复写入 $\overline{A}BC$，则可得到：

$$Y = (\overline{A}B\overline{C} + \overline{A}BC) + (\overline{A}BC + ABC)$$

$$= \overline{A}B(\overline{C} + C) + BC(\overline{A} + A)$$

$$= \overline{A}B + BC$$

根据 $A + \overline{A} = 1$，可以在函数式中的某一项上乘以 $(A + \overline{A})$，然后拆成两项分别与其他项合并，有时能得到更加简单的化简结果。

例 4-12 试化简逻辑函数 $F = A\overline{B} + \overline{A}B + B\overline{C} + \overline{B}C$。

解 利用配项法可将 Y 写成：

$$Y = A\overline{B} + \overline{A}B(\overline{C} + C) + B\overline{C} + (A + \overline{A})\overline{B}C$$

$$= A\overline{B} + \overline{A}BC + \overline{A}B\overline{C} + B\overline{C} + A\overline{B}C + \overline{A}\overline{B}C$$

$$= (A\overline{B} + A\overline{B}C) + (\overline{A}B\overline{C} + B\overline{C}) + (\overline{A}BC + \overline{A}\overline{B}C)$$

$$= A\overline{B} + B\overline{C} + \overline{A}C$$

5）配多余项法

利用 $AB + \overline{A}C + BC = AB + \overline{A}C$，可将多余的 BC 消去。A、B 均可以是任何复杂的逻辑式。

例 4-13 试化简 $Y = AC + \overline{C}D + ABD + ADE$。

解 $Y = AC + \overline{C}D + AD(B + E) = AC + \overline{C}D$。

总而言之，在化简复杂的逻辑函数时，往往需要灵活、交替地综合运用上述方法，才能得到最后的化简结果，且逻辑函数的化简结果不是唯一的。

4.4.4 卡诺图化简法

从前面公式化简法的例题中可以看出，用公式运算的方法化简不同的逻辑函数时，没有固定的方法和步骤，存在很大的灵活性。用这种方法化简复杂的逻辑函数时，必须具备熟练掌握和灵活运用逻辑代数的公式和定理的能力，方能得到满意的化简结果。因此，人们希望能找到一种对任何逻辑函数都适用的，而且具有固定操作步骤和方法的化简方法。

既然任何逻辑函数都可以展开为最小项之和的形式，那么采用合并最小项的方法化简逻辑函数，应当是适用于任何逻辑函数的、通用的化简方法。

下面介绍的卡诺图化简法就是一种基于合并最小项的化简方法。

1. 逻辑函数的卡诺图表示法

1）表示最小项的卡诺图

将 n 个变量的全部最小项各用一个小方格表示，并使具有逻辑相邻性的最小项在几何位置上也相邻地排列起来，所得到的图形叫作 n 个变量最小项的**卡诺图**。因为这种表示方法是由美国工程师卡诺（Karnaugh）首先提出的，所以把这种图形叫作卡诺图。

图 4-14 所示为 2～4 个变量最小项的卡诺图。图形两侧标注的 0 和 1 表示使对应小方格内的最小项为 1 的变量取值。同时，这些 0 和 1 组成的二进制数所对应的十进制数也就是对应的最小项的编号。

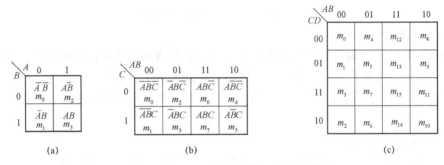

图 4-14　2～4 个变量最小项的卡诺图
（a）2 变量；（b）3 变量；（c）4 变量

为了保证图中几何位置相邻的最小项在逻辑上也具有相邻性，这些数码不能按自然二进制数从小到大的顺序排列，而必须按图中的方式排列，以确保相邻的两个最小项仅有一个变量是不同的。

从图 4-14 所示的卡诺图还可以看到，处在任何一行或一列两端的最小项也仅有一个变量不同，所以它们也具有逻辑相邻性。因此，从几何位置上应当把卡诺图看成是上下、左右闭合的图形。

2）用卡诺图表示逻辑函数

既然任何一个逻辑函数都能表示为若干最小项之和的形式，那么自然也就可以设法用卡诺图来表示任意一个逻辑函数。具体方法是首先把逻辑函数化为最小项之和的形式，然后在卡诺图上与这些最小项对应的位置上填"1"，在其余的位置上填"0"，就得到了表示该逻辑函数的卡诺图。也就是说，任何逻辑函数都等于它的卡诺图中填"1"的那些最小项之和。

例 4-14　用卡诺图表示逻辑函数 $Y = A\bar{B} + BC + \bar{A}BC$。

解　首先将逻辑函数化为最小项之和的形式，即

$$Y = A\bar{B} + BC + \bar{A}\bar{B}C$$
$$= A\bar{B}(C+\bar{C}) + (A+\bar{A})BC + \bar{A}\bar{B}C$$
$$= A\bar{B}C + A\bar{B}\bar{C} + ABC + \bar{A}BC + \bar{A}\bar{B}C$$
$$= \Sigma(1, 3, 4, 5, 7)$$

然后，将有最小项的位置填"1"，否则填"0"或空，如图 4-15 所示。

例 4-15 已知逻辑函数的卡诺图如图 4-16 所示，试写出该函数的逻辑式。

C \ AB	00	01	11	10
0	m_0	m_2	m_6	1 m_4
1	1 m_1	1 m_3	1 m_7	1 m_5

图 4-15　例 4-14 的卡诺图

C \ AB	00	01	11	10
0	0	1	0	1
1	1	0	1	0

图 4-16　例 4-15 的卡诺图

解　因为 Y 等于卡诺图中填"1"的那些最小项之和，所以有：

$$Y = A\bar{B}\bar{C} + \bar{A}\bar{B}C + ABC + \bar{A}B\bar{C}$$

2. 用卡诺图化简逻辑函数

利用卡诺图化简逻辑函数的方法称为卡诺图化简法或图形化简法。化简时依据的基本原理就是具有相邻性的最小项可以合并，从而消去不同的因子。由于在卡诺图上几何位置相邻与逻辑上的相邻性是一致的，因此从卡诺图上能直观地找出那些具有相邻性的最小项并将其合并化简。

1）合并最小项的规则

若两个最小项相邻，则可合并为一项并消去一个变量。合并后的结果中只剩下公共变量。图 4-17（a）所示是两个相邻最小项的几种可能情况，图中 $\bar{A}BC(m_3)$ 和 $ABC(m_7)$ 相邻，故可合并为 $\bar{A}BC + ABC = (\bar{A}+A)BC = BC$。

可见，合并后消去了 A、$\bar{A}$，只剩下公共因子 B 和 C。

若 4 个最小项相邻并排列成一个矩形组，则可合并为一项并消去两个变量。例如，在图 4-17（b）中，$\bar{A}B\bar{C}D(m_5)$、$\bar{A}BCD(m_7)$、$AB\bar{C}D(m_{13})$、$ABCD(m_{15})$ 相邻，故可合并，合并后得到：

$$\bar{A}B\bar{C}D(m_5) + \bar{A}BCD(m_7) + AB\bar{C}D(m_{13}) + ABCD(m_{15})$$
$$= \bar{A}BD(\bar{C}+C) + ABD(\bar{C}+C)$$
$$= BD(A+\bar{A})$$
$$= BD$$

可见，合并后消去了 A、$\bar{A}$ 和 C、$\bar{C}$ 两对因子，只剩下 4 个最小项的公共因子 B 和 D。

若 8 个最小项相邻并且排列成一个矩形组，则可合并为一项并消去 3 个变量。例如，在图 4-17（c）中，上边两行的 8 个最小项是相邻的，可将它们合并为一项 $\bar{A}$，其他因子都被消去了。

至此，可以归纳出合并最小项的一般规则：如果有 2^n 个最小项相邻（$n = 1, 2, \cdots$）并排列成一个矩形组，则它们可以合并为一项，并消去 n 对因子。合并后的结果中仅包含这些最小项

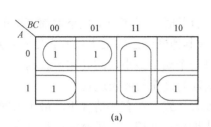

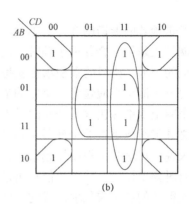

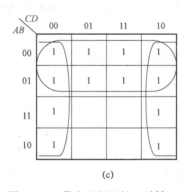

图 4-17　最小项相邻的几种情况

（a）2 个最小项相邻；（b）4 个最小项相邻；（c）8 个最小项相邻

的公共因子。

2）卡诺图化简法的步骤

用卡诺图化简逻辑函数时可按如下步骤进行：

（1）将函数化为最小项之和的形式。

（2）画出表示该逻辑函数的卡诺图。

（3）找出可以合并的最小项。

（4）选取化简后的乘积项。选取的原则是：这些乘积项应包含函数式中所有的最小项（应覆盖卡诺图中的所有 1）；所用的乘积项数目最少（也就是可合并的最小项组成的矩形组数目最少）；每个乘积项包含的因子最少（也就是每个可合并的最小项矩形组中应包含尽量多的最小项）。

（5）写出最简的函数表达式。

例 4-16　用卡诺图化简法将下式化简为最简与或表达式：

$$Y = \overline{A}C + \overline{A}B + A\overline{B}C + BC$$

解　首先画出表示函数 F 的卡诺图，如图 4-18 所示。其次，需要找出可以合并的最小项，将可能合并的最小项用线圈出。

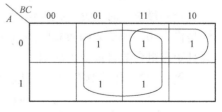

由图 4-18 可得到：$Y = C + \overline{A}B$。

图 4-18　例 4-16 图

利用逻辑函数的卡诺图合并最小项，求函数的最简与或表达式时，应注意下面几个问题：

（1）圈越大越好。合并最小项时，圈的最小项越多，消去的变量就越多，因而得到的由这些最小项的公因子构成的乘积项也就越简单。

（2）每一个圈至少应包含一个新的最小项。合并时，任何一个最小项都可以重复使用，但是每一个圈至少都应包含一个新的最小项（未被其他圈圈过的最小项），否则它就是多余项。

（3）必须把组成函数的全部最小项圈完。每一个圈中最小项的公因子就构成了一个乘积项，一般来说，把这些乘积项加起来，就是该函数的最简与或表达式。

（4）有时需要比较、检查才能写出最简与或表达式。在有些情况下，最小项的圈法不止一种，因此得到的各个乘积项组成的与或表达式也会各不相同，虽然它们都包含了函数的全部最小项，但哪个是最简的，常常要经过比较、检查才能确定。而且，有时候还会出现表达式都同样是最简式的情况。

4.4.5　具有无关项的逻辑函数及其化简

1. 约束概念和约束条件

在分析某些具体的逻辑函数时，经常会遇到这样一种情况，即输入变量的取值不是任意的。对输入变量取值所加的限制称为**约束**。同时，把这一组变量称为具有约束的一组变量，而不会出现的变量取值所对应的最小项叫作**约束项**。把恒等于 0 的约束项加起来所构成的值为 0 的逻辑表达式，叫作**约束条件**。因为约束项恒为 0，而无论多少个 0 加起来还是 0，所以约束条件是一个值恒为 0 的条件等式。

有时还会遇到另外一种情况，就是在输入变量的某些取值下函数值是 1 还是 0 皆可，并不影响电路的功能。在这些变量取值下，其值等于 1 的那些最小项称为**任意项**。

把约束项和任意项统称为逻辑函数式中的**无关项**。这里所说的"无关"是指是否把这些最小项写入逻辑函数式无关紧要，可以写入也可以删除。

2. 具有无关项的逻辑函数的化简

前面曾经讲到，在用卡诺图表示逻辑函数时，首先将函数化为最小项之和的形式，然后在卡诺图中这些最小项对应的位置上填"1"，在其他位置上填"0"。既然可以认为无关项包含在函数式中，也可以认为不包含在函数式中，那么在卡诺图中对应位置上就可以填"1"，也可以填"0"。为此，在卡诺图中用 ×、d 或 ϕ 表示无关项，在表达式中常用 Σd 来表示无关项最小项组合部分。在化简逻辑函数时既可以认为它是 1，也可以认为它是 0。

化简具有无关项的逻辑函数时，如果能合理利用这些无关项，一般都可得到更加简单的化简结果。

为了达到此目的，加入的无关项应与函数式中尽可能多的最小项（包括原有的最小项和已写入的无关项）具有逻辑相邻性。

合并最小项时，究竟把卡诺图上的"×"作为 1（即认为函数式中包含了这个最小项）还是作为 0（即认为函数式中不包含这个最小项）对待，应以得到的相邻最小项矩形组合最大且矩形组合数目最少为原则。

例 4-17　化简具有约束的逻辑函数：

$$Y = \Sigma m(1, 7, 8) + \Sigma d(3, 5, 9, 10, 12, 14, 15)$$

　　解　先将表示 Y 的卡诺图画出，从图上直观地判断对这些约束项应如何取舍。如图 4−19 所示，为了得到最大的相邻最小项的矩形组合，应取约束项 m_3、m_5 为 1，与 m_1、m_7 组成一个矩形组。同时取约束项 m_{10}、m_{12}、m_{14} 为 1，与 m_8 组成一个矩形组。卡诺图中没有被圈进去的约束项（m_9 和 m_{15}）被当作 0 对待。

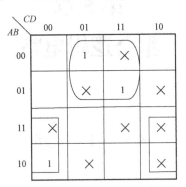

图 4−19　例 4−17 的卡诺图

　　将两组相邻的最小项合并后得到：$Y = \overline{A}D + A\overline{D}$。

第5章
组合逻辑电路

5.1 概　　述

5.1.1 组合逻辑电路的特点

在数字系统中，逻辑电路可分为两大类：一类为组合逻辑电路，另一类为时序逻辑电路。

组合逻辑电路的特点是：在逻辑功能上，任一时刻的输出只取决于该时刻的输入状态，而与电路以前的状态无关；在电路结构上，组合逻辑电路仅由门电路构成，没有记忆功能。只有从输入到输出的通路，没有从输出到输入的回路。

5.1.2 逻辑功能的描述

对于任何一个多输入、多输出的组合逻辑电路，都可以用图 5-1 所示的框图表示。图中 a_1、a_2、$\cdots$、a_n 表示输入变量，y_1、y_2、$\cdots$、y_m 表示输出变量。输出变量与输入变量之间的逻辑关系一般可以表示为

$$\begin{cases} y_1 = f_1(a_1, a_2, \cdots, a_n) \\ y_2 = f_2(a_1, a_2, \cdots, a_n) \\ \quad \cdots \\ y_m = f_m(a_1, a_2, \cdots, a_n) \end{cases} \qquad (5-1)$$

图 5-1　组合逻辑电路的框图　　或写成相量函数的形式：

$$Y = F(A) \qquad (5-2)$$

前面已经讲过，逻辑函数的描述方法除了逻辑式以外，还有真值表、逻辑图、波形图等几种。因此，在分析或设计组合逻辑电路时，可以根据需要采用其中任何一种方式进行描述。

5.2　常用的组合逻辑电路模块

按照逻辑功能特点不同，组合逻辑电路可划分为：加法器、比较器、编码器、译码器、数据选择器、分配器等。应该说，实现各种逻辑功能的组合电路是非常多的，不必要也不可能一一列举。本章只介绍译码器和数据选择器。

在介绍正式内容之前需要先了解正、负逻辑的概念。

在正逻辑下，"1"表示高电平，"0"表示低电平。而负逻辑是相反的，即"0"表示高电平，"1"表示低电平。对于同一个逻辑电路，采用正逻辑或负逻辑分析，结果不同，例如高电平可以用"1"表示，也可用"0"表示。虽然采用不同的逻辑表达方法，但目的是实现同一种功能。

例如正逻辑下的**与非门**等价于负逻辑下的**或非门**。图5-2（a）所示为正逻辑下的与非门，可表示为 $Y_1 = \overline{A \cdot B}$；图5-2（b）所示为负逻辑下的或非门，可表示为 $Y_2 = \overline{A} + \overline{B}$。利用反演定律可知，$Y_1 = Y_2$，即二者功能是相同的。

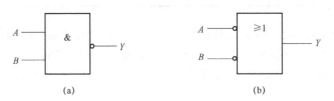

（a）   （b）

图5-2 不同逻辑实现同一种功能

（a）正逻辑下的与非门；（b）负逻辑下的或非门

5.2.1 译码器

编码器是给每个代码赋予一个特定的信息。译码器为编码器的逆过程，它将每一个代码的信息"翻译"出来，即将每一个代码译为一个特定的输出信号。能完成这种功能的逻辑电路称为**译码器**。译码器种类很多，但可归纳为二进制译码器、二-十进制译码器和显示译码器。

1. 二进制译码器

二进制译码器的输入为二进制码，输出是高、低电平信号。若输入有 n 位，数码组合有 2^n 种，可译出 2^n 个输出信号，也叫 n 线-2^n 线译码器。

图5-3所示为二进制译码器的原理。当使能端（选通端）输入有效电平时，对应每一个代码输入，仅有一个与该代码相对应的输出端为有效电平，其他输出端均为无效电平。

图5-4所示为2线-4线译码器的逻辑图。其中输入为两位二进制代码，输出为4个相应的信号 Y。相应的逻辑真值表见表5-1。

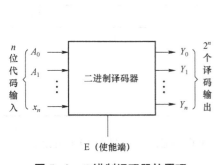

图5-3 二进制译码器的原理

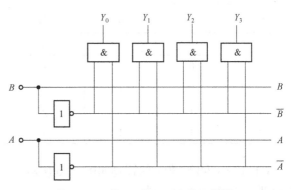

图5-4 2线-4线译码器的逻辑图

表 5-1　2 线-4 线译码器的逻辑真值表

输入		输出			
B	A	Y_0	Y_1	Y_2	Y_3
0	0	1	0	0	0
0	1	0	1	0	0
1	0	0	0	1	0
1	1	0	0	0	1

合理地利用选通端，还可以扩大其逻辑功能。例如，将 2 片 2 线-4 线译码器（CT54LS139/CT74LS139）构成 1 片 3 线-8 线译码器（CT54LS138/CT74LS138）。

CT4139（74LS139）为集成二进制译码器，由两个 2 线-4 线译码器构成，其逻辑图如图 5-5 所示。

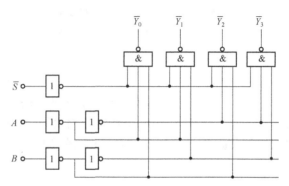

图 5-5　CT4139（74LS139）集成二进制译码器的逻辑图

图中 A 和 B 为输入端；$\overline{Y}_0 \sim \overline{Y}_3$ 为输出端，低电平有效；$\overline{S}$ 为控制端，低电平有效，即当 $\overline{S}=1$ 时，无论输入是多少，均有 $\overline{Y}_0\overline{Y}_1\overline{Y}_2\overline{Y}_3=1111$，译码器禁止译码；当 $\overline{S}=0$ 时，$\overline{Y}_0$、$\overline{Y}_1$、$\overline{Y}_2$、$\overline{Y}_3$ 分别输出低电平，此时译码器译码。其功能表见表 5-2。

表 5-2　CT4139（74LS139）的功能表

输入			输出			
$\overline{S}$	B	A	$\overline{Y}_0$	$\overline{Y}_1$	$\overline{Y}_2$	$\overline{Y}_3$
1	×	×	1	1	1	1
0	0	0	0	1	1	1
0	0	1	1	0	1	1
0	1	0	1	1	0	1
0	1	1	1	1	1	0

CT4139（74LS139）的管脚如图 5-6 所示，从中也可以看出一片 CT4139（74LS139）中含有两个 2 线-4 线译码器。

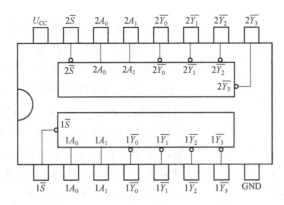

图 5-6　CT4139（74LS139）的管脚

2. 译码器和数字显示

例 5-1　设计一个 3 位二进制译码器,输入 3 位二进制代码为 $A_2A_1A_0$,输出信号为 $Y_7Y_6\cdots$ Y_0。ST_1、$\overline{ST_2}$、$\overline{ST_3}$ 为使能端,又叫控制端,ST_1 为高电平有效,$\overline{ST_2}$ 和 $\overline{ST_3}$ 为低电平有效。

解　根据题意,列出逻辑真值表,见表 5-3。必须指出译码器的输出并不能直接给出数字符号,只能给出电位,即逻辑 1 或 0,在这里逻辑 1 表示有信号输出,逻辑 0 表示无信号输出。

表 5-3　3 位二进制译码器的逻辑真值表

输入					输出							
ST_1	$\overline{ST_2}+\overline{ST_3}$	A	B	C	Y_0	Y_1	Y_2	Y_3	Y_4	Y_5	Y_6	Y_7
×	1	×	×	×	0	0	0	0	0	0	0	0
0	×	×	×	×	0	0	0	0	0	0	0	0
1	0	0	0	0	1	0	0	0	0	0	0	0
1	0	0	0	1	0	1	0	0	0	0	0	0
1	0	0	1	0	0	0	1	0	0	0	0	0
1	0	0	1	1	0	0	0	1	0	0	0	0
1	0	1	0	0	0	0	0	0	1	0	0	0
1	0	1	0	1	0	0	0	0	0	1	0	0
1	0	1	1	0	0	0	0	0	0	0	1	0
1	0	1	1	1	0	0	0	0	0	0	0	1

列出逻辑表达式如下:

$$Y_0 = \overline{A}\,\overline{B}\,\overline{C} \qquad Y_1 = \overline{A}\,\overline{B}C$$

$$Y_2 = \overline{A}B\overline{C} \qquad Y_3 = \overline{A}BC$$

$$Y_4 = A\overline{B}\,\overline{C} \qquad Y_5 = A\overline{B}C$$

$$Y_6 = AB\overline{C} \qquad Y_7 = ABC$$

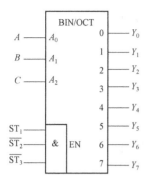

图 5-7　3 线-8 线译码器的逻辑符号

3 线-8 线译码器的逻辑符号如图 5-7 所示。

3. 二–十进制译码器

BCD 码是最常用的二–十进制码，它用二进制码 0000～1001 代表十进制数 0～9。二–十进制译码器的逻辑功能是将输入的 10 个 BCD 码译成 10 个高、低电平输出信号。这种译码器应有 4 个输入端、10 个输出端，若译码结果为低电平有效，则输入一组二进制码，对应的一个输出端为 0，其余为 1，这样就表示翻译了二进制码所对应的十进制数。

4. 显示译码器

在数字系统和装置中，经常需要把数字、文字和符号等的二进制编码翻译成人们习惯的形式直观地显示出来，以便于查看和对话。由于各种工作方式的显示器件对译码器的要求区别很大，而实际工作中又希望显示器和译码器配合使用，甚至直接利用译码器驱动显示器。因此，把这种类型的译码器叫作**显示译码器**。

1）数字显示的电路组成

图 5-8 所示为数字显示的电路组成框图，由译码器、驱动器和显示器组成。

图 5-8　数字显示的电路组成框图

2）常用的显示译码器

为了能以十进制数码直观地显示数字系统的运行数据，目前广泛使用七段字符显示器，或称为七段数码管。这种字符显示器由七段可发光的线段拼合而成。常见的七段字符显示器有半导体数码管和液晶显示器（Liquid Crystal Display，LCD）两种。

（1）半导体数码管。

某些特殊的半导体材料，如用磷砷化镓制作成的 PN 结，当外加正向电压时，可以将电能转换成光能，从而发出清晰悦目的光线。利用这样的 PN 结，既可以封装成单个的发光二极管（Light Emitting Diode，LED），也可以封装成分段式（或者点阵式）的显示器件，如图 5-9（a）所示。图 5-9（b）所示为二极管的共阴极接法，此情况下高电平时二极管发光。

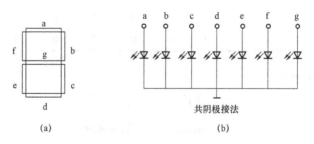

图 5-9　半导体数码管示意

（a）外形图；（b）等效电路

（2）液晶显示器。

液晶显示器是一种平板薄型显示器件，其驱动电压很低、工作电流极小，与 CMOS 电路结合起来可以组成微功耗系统，广泛地用于电子钟表、电子计算器、各种仪器和仪表中。液晶是一种介于晶体和液体之间的有机化合物，常温下既有液体的流动性和连续性，又有晶体的某些光学特性。液晶显示器本身不发光，在黑暗中不能显示数字，它依靠在外界电场作用下产生的光电效应调制外界光线，使液晶不同部位显现出反差，从而显示出字形。

（3）BCD-七段显示译码器。

半导体数码管和液晶显示器都可以用 TTL 或 CMOS 集成电路直接驱动。为此，就需要使用显示译码器将 BCD 码译成半导体数码管所需要的驱动信号，以便使半导体数码管用十进制数字显示出 BCD 码所表示的数值。

如图 5-10 所示，以 $Q_3Q_2Q_1Q_0$ 表示 BCD-七段显示译码器输入的 BCD 码，以 $Y_a \sim Y_g$ 表示输出的 7 位二进制代码，并规定用 1 表示半导体数码管中线段的点亮状态，用 0 表示线段的熄灭状态，则根据显示字形的要求便得到相应的逻辑真值表（表 5-4），表中只列出部分，剩余部分请读者自行列出。

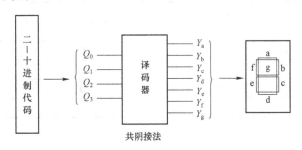

图 5-10　BCD-七段显示译码器的原理

表 5-4　BCD-七段显示译码器的逻辑真值表（部分）

输入					输出							
数字	Q_3	Q_2	Q_1	Q_0	Y_a	Y_b	Y_c	Y_d	Y_e	Y_f	Y_g	字形
0	0	0	0	0	1	1	1	1	1	1	0	0
1	0	0	0	1	0	1	1	0	0	0	0	1
2	0	0	1	0	1	1	0	1	1	0	1	2

例 5-2　七段数码管里，显示 "5"，对应图 5-9（a）中 abcdefg 的编码为？当 abcdefg 的编码为 1101101 时，显示的是数字几？

解　abcdefg 的编码为 1011001；当 abcdefg 的编码为 1101101 时，显示数字 2。

5.2.2　数据选择器

在多路数据传送过程中，能够根据需要将其中任意一路挑选出来的电路，叫作**数据选择器**，也称为**多路选择器**或**多路开关**。

1. 4 选 1 数据选择器

1）输入、输出信号分析

输入信号为 4 路数据，用 D_0、D_1、D_2、D_3 表示。两个选择控制信号用 A_1、A_0 表示。输出信号用 Y 表示，它可以是 4 路输入数据中的任意一路，究竟是哪一路完全由选择控制信号决定。4 选 1 数据选择器示意如图 5-11 所示。其中 A_1、A_0 也叫作地址码或地址控制信号。

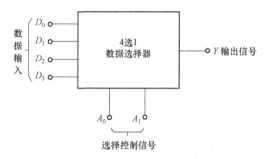

图 5-11　4 选 1 数据选择器示意

2）逻辑真值表见表 5-5。

表 5-5　4 选 1 数据选择器的逻辑真值表

输入			输出
D	A_1	A_0	Y
D_0	0	0	D_0
D_1	0	1	D_1
D_2	1	0	D_2
D_3	1	1	D_3

3）逻辑表达式

由表 5-5 可得到：

$$Y = D_0\overline{A_1}\,\overline{A_0} + D_1\overline{A_1}A_0 + D_2A_1\overline{A_0} + D_3A_1A_0 \tag{5-3}$$

逻辑符号如图 5-12 所示，其中 $\overline{S}$ 为选通控制端，低电平有效。

2. 8 选 1 数据选择器

显然，8 选 1 数据选择器是从 8 个输入数据中拿出一个送到选通控制端。其逻辑真值表和逻辑表达式不再详述。图 5-13 所示为 8 选 1 数据选择器的逻辑符号，其中 $\overline{S}$ 为选通控制端。

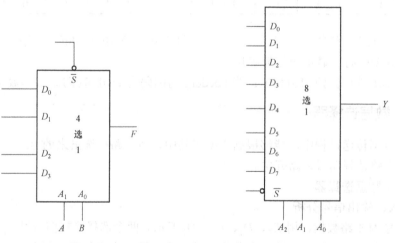

图 5-12　4 选 1 数据选择器的逻辑符号　　图 5-13　8 选 1 数据选择器的逻辑符号

3. 用数据选择器实现逻辑函数

由数据选择器的工作原理可知，数据选择器输出函数的逻辑表达式就是一个组合逻辑表达式。表达式中包含由输入地址变量和数据线组合的全部最小项。而任何一个组合逻辑函数都可用最小项之和来表示，所以可以用数据选择器产生逻辑函数的全部最小项，再配合适当的门电路，即可实现组合逻辑函数。一个数据选择器可产生单个逻辑函数。

例 5-3　写出图 5-14 所示逻辑图的最简与或式。

解　由图中可知，F 可表示为 $F = \Sigma(2, 4, 6, 7)$，借助卡诺图进行化简。

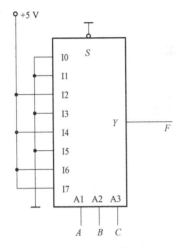

图 5-14　例 5-3 图（1）

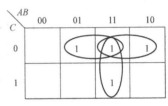

图 5-15　例 5-3 图（2）

由图 5-15 可得：$F = AB + A\bar{C} + B\bar{C}$ 。

5.3　组合逻辑电路分析和设计

5.3.1　组合逻辑电路分析

由给定组合逻辑电路的逻辑图出发，分析其逻辑功能所要遵循的基本步骤，称为组合逻辑电路的分析方法。一般情况下，在得到组合逻辑电路的逻辑真值表（逻辑真值表是组合逻辑电路逻辑功能最基本的描述方法）后，还需要作简单文字说明，指出其功能特点。

1. 分析方法

对组合逻辑电路进行分析的一般步骤如下：

（1）根据给定的逻辑图写出输出函数的逻辑表达式。

（2）进行化简，求出输出函数的最简表达式。

（3）列出输出函数的逻辑真值表。

（4）说明给定电路的基本功能。

以上步骤应视具体情况灵活处理，不要生搬硬套。在许多情况下，分析的目的或者是确定输入变量不同取值时功能是否满足要求；或者是变换电路的结构形式，例如将与或结构变换成与非结构等；或者是得到输出函数的标准与或表达式，以便用中、大规模集成电路实现。

2. 分析举例

例5-4 分析图5-16所示的逻辑功能。

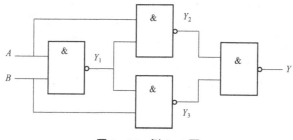

图5-16 例5-4图

解 写出逻辑表达式：

$$Y = \overline{Y_2 Y_3} = \overline{\overline{A \cdot \overline{AB}} \cdot \overline{B \cdot \overline{AB}}}$$

应用逻辑代数化简：

$$Y = \overline{\overline{A \cdot \overline{AB}} \cdot \overline{B \cdot \overline{AB}}}$$
$$= \overline{\overline{A \cdot \overline{AB}}} + \overline{\overline{B \cdot \overline{AB}}}$$
$$= A \cdot \overline{AB} + B \cdot \overline{AB}$$
$$= A \cdot (\overline{A} + \overline{B}) + B \cdot (\overline{A} + \overline{B})$$
$$= A\overline{B} + \overline{A}B$$

列出逻辑真值表：

表5-6 例5-4的逻辑真值表

A	B	Y
0	0	0
0	1	1
1	0	1
1	1	0

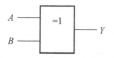

图5-17 异或逻辑符号

分析逻辑功能：

输入相同输出为"0"，输入相异输出为"1"，称为异或逻辑关系。这种电路称为异或门。

异或表达式为$Y = A\overline{B} + \overline{A}B = A \oplus B$，其逻辑符号如图5-17所示。

5.3.2 组合逻辑电路设计

组合逻辑电路的设计是分析的逆过程，设计是根据给出的实际逻辑问题，经过逻辑抽象，找出用最少的逻辑门实现逻辑功能的方案，并画出逻辑电路图。

1. 设计方法

根据要求，设计出符合需要的组合逻辑电路，设计过程包括以下几个步骤。

1）逻辑抽象

（1）分析设计要求，确定输入、输出信号及它们之间的因果关系。

（2）设定变量，用英文字母表示有关输入、输出信号，表示输入信号者称为输入变量，有时也简称变量，表示输出信号者叫作输出变量，有时也称为输出函数或简称函数。

（3）状态赋值，即用"0"和"1"表示信号的有关状态。

（4）列逻辑真值表，根据因果关系，把变量的各种取值和相应的函数值以表格形式一一列出，而变量取值顺序常按二进制数递增排列，也可按循环码排列。

2）化简

（1）输入变量比较少时，可以用卡诺图化简。

（2）输入变量比较多用卡诺图化简不方便时，可以用公式法化简。

3）画逻辑图

（1）变换最简与或表达式，求出所需要的最简式。

（2）根据最简式画出逻辑图。

2. 设计举例

例 5-5　用 4 选 1 数据选择器设计组合逻辑电路。从电路输入端（$ABCD$）输入余 3BCD 码，输出为 F。当输入十进制数码 0、2、4、5、7 的对应余 3BCD 码时，$F=1$；输入其他余 3BCD 码时，$F=0$（输入端允许用反变量）。

解　根据题意，列出逻辑真值表，见表 5-7。

表 5-7　例 5-5 的逻辑真值表

A	B	C	D	F
0	0	0	0	×
0	0	0	1	×
0	0	1	0	×
0	0	1	1	1
0	1	0	0	0
0	1	0	1	1
0	1	1	0	0
0	1	1	1	1

A	B	C	D	F
1	0	0	0	1
1	0	0	1	0
1	0	1	0	1
1	0	1	1	0
1	1	0	0	0
1	1	0	1	×
1	1	1	0	×
1	1	1	1	×

用卡诺图化简法进行化简，如图 5-18 所示。化简的最简式为 $Y=\overline{B}\,\overline{D}+\overline{A}D$，只与 3 个变量相关，进一步画出最简卡诺图，如图 5-19 所示。

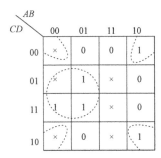

图 5-18　例 5-5 的卡诺图

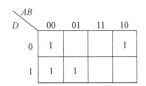

图 5-19　最简式的卡诺图

画出系统设计图，如图 5-20 所示。

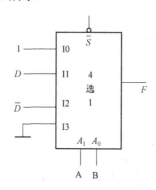

图 5-20　例 5-5 的系统设计图

第 6 章

触　发　器

触发器是构成各种复杂数字系统的一种基本逻辑单元，同逻辑代数共同构成时序逻辑电路（下一章进行介绍）的基础。

在复杂的数字电路中，不仅需要对各种数字信号进行算术运算和逻辑运算，还需要在运算过程中不断地将运算数据和运算结果保存起来。因此，存储电路就成为计算机以及所有复杂数字系统不可缺少的组成部分。

通常将只能存储一位数据的电路叫作**存储单元**，将用于存储一组数据的存储电路叫作**寄存器**，将用于存储大量数据的存储电路叫作**存储器**。寄存器和存储器中都包含了许多存储单元。

触发器逻辑功能的基本特点是可保存 1 位二值信息，因此，触发器也叫作**半导体存储单元**或**记忆单元**。由 n 个触发器组成的寄存器可以存储一组 n 位的二值数据。

触发器须具备 3 个特点：

（1）有两个稳定的状态：0 状态和 1 状态；

（2）在不同的输入情况下，可以被置成 0 状态或 1 状态；

（3）当输入信号消失后，所置成的状态能够保持不变。

根据逻辑功能的不同，触发器可分为 RS 触发器、D 触发器、JK 触发器、T 和 T' 触发器。

根据结构形式的不同，触发器可分为基本 RS 触发器、同步触发器、主从触发器和边沿触发器。

需要特别指出，触发器的电路结构形式和逻辑功能是两个不同的概念，两者没有固定的对应关系。同一种逻辑功能的触发器可以用不同的电路结构实现；同一种电路结构的触发器可以做成不同的逻辑功能。不要把这两个概念混同。当选用触发器电路时，不仅要知道它的逻辑功能，还必须知道它的电路结构类型。只有这样，才能把握它的动作特点，完成正确的设计。

触发器的工作状态有现态和次态之分。触发器接收输入信号之前的状态叫作**现态**，用 Q^n 表示。触发器接收输入信号之后的状态叫作**次态**，用 Q^{n+1} 表示。现态和次态是两个相邻离散时间里触发器输出端的状态。

常用的表示时序逻辑电路逻辑功能的方法有 5 种：逻辑图、状态转移方程、状态转移真值表、状态转移图和工作波形图。它们虽然形式不同、特点各异，但在本质上是相通的，可以互相转换。本章对各种触发器的功能进行以上 5 种描述。

6.1 基本触发器

基本触发器又称为直接复位和置位触发器(有时也称为锁存器),是各种触发器中电路结构最简单的一种,也是构成其他触发器的最基本的单元。

基本 RS 触发器是由两个与非门按正反馈方式闭合而成,也可以用两个或非门按正反馈方式闭合而成。本书只介绍由与非门构成的基本触发器。

6.1.1 电路组成及逻辑符号

图 6-1(a)所示是用两个与非门交叉连接起来构成的基本 RS 触发器的逻辑电路图。$\overline{R}$、$\overline{S}$ 是信号输入端,字母上面的非号表示低电平有效,即 $\overline{R}$、$\overline{S}$ 端为低电平时表示有信号,为高电平时表示无信号。Q、$\overline{Q}$ 既表示触发器的状态,又是两个互补的信号输出端。

图 6-1(b)所示是基本 RS 触发器的逻辑符号,方框左侧输入端处的小圆圈表示低电平有效,这是一种约定,只有当所加信号的实际电压为低电平时才表示有信号,否则就是无信号。方框右侧的两个输出端中,一个无小圆圈,为 Q 端,一个有小圆圈,为 $\overline{Q}$ 端,在正常工作情况下,两者是互补的,即一个为高电平另一个就是低电平,反之亦然。

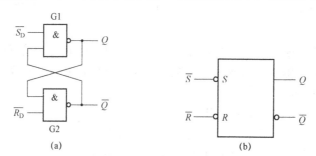

(a)   (b)

图 6-1　由与非门构成的基本 RS 触发器

(a)逻辑电路图;(b)逻辑符号

6.1.2 功能描述

1. 状态转移真值表

以 Q 这个输出端的状态为触发器的状态,如 $Q=1(\overline{Q}=0)$ 时称触发器为 **1 状态**,$Q=0(\overline{Q}=1)$ 时称触发器为 **0 状态**。

当 $\overline{R_D}=0$,$\overline{S_D}=1$ 时,$Q=0$,$\overline{Q}=1$,触发器置"0";

当 $\overline{R_D}=1$,$\overline{S_D}=0$ 时,$Q=1$,$\overline{Q}=0$,触发器置"1";

当 $\overline{R_D}=1$,$\overline{S_D}=1$ 时,$Q^n=Q^{n+1}$,触发器状态保持不变(记忆功能);

当 $\overline{R_D}=0$,$\overline{S_D}=0$ 时,$Q=1$,$\overline{Q}=1$,触发器的两个输出端均为"1"。这既不是定义的 **1 状态**,也不是定义的 **0 状态**。因为 S_D 和 R_D 同时发生由"0"到"1"的变化,两个与非门输出都要发生由"1"到"0"的转换,锁存器的状态难以确定,会出现竞争。输出结果取决于哪个门的延迟时间短,这使输出的最终结果不能确定。

因此在正常工作时,输入信号应遵守 $S_D R_D=0$ 的约束条件。

因为锁存器新的状态 Q^{n+1}（次态）不仅与输入状态有关，而且与锁存器原来的状态 Q^n（出态）有关，所以将 Q^n 也作为一个变量列入逻辑真值表，称为**状态变量**。将这种含有状态变量的逻辑真值表称为锁存器的**状态转移真值表**（或功能表、特性表）。表 6–1 所示为基本 RS 触发器的状态转移真值表。

表 6–1　由与非门构成的基本 RS 触发器的状态转移真值表

$\overline{S_D}$	$\overline{R_D}$	Q^{n+1}	$\overline{Q^{n+1}}$
0	1	0	1
1	0	1	0
1	1	Q^n	$\overline{Q^n}$
0	0	1	1
⤒	⤒	不定	不定

2. 波形图

反映触发器输入信号取值和状态对应关系的图形称为波形图，可对应特性表得出，如图 6–2 所示。

3. 特征方程（状态转移方程）

依然根据表 6–1 进行化简，结合卡诺图（图 6–3）化简得：

$$\begin{cases} Q^{n+1} = \overline{\overline{\overline{S}_D}} + \overline{R}_D Q^n = S_D + \overline{R}_D Q^n \\ \overline{S}_D + \overline{R}_D = 1 \text{（约束条件）} \end{cases} \tag{6–1}$$

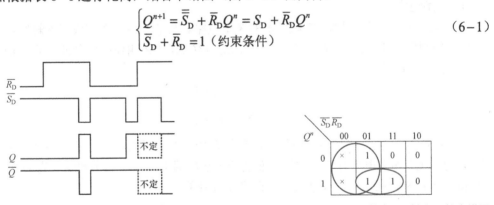

图 6–2　由与非门构成的基本 RS 触发器的波形图　　**图 6–3　由与非门构成的基本 RS 触发器的卡诺图**

4. 激励表和状态转移图

结合特性表，可得其激励表（表 6–2）和状态转移图（图 6–4）。

表 6–2　由与非门构成的基本 RS 触发器的激励表

状态转移		激励输入	
$Q^n \rightarrow Q^{n+1}$		$\overline{R_D}$	$\overline{S_D}$
0	0	×	1
0	1	1	0
1	0	0	1
1	1	1	×

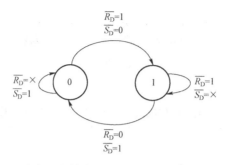

图 6-4 由与非门构成的基本 RS 触发器的状态转移图

6.2 钟控触发器（同步触发器）

基本触发器的特点是只要输入信号发生变化，触发器状态就会根据其逻辑功能发生相应的变化。然而在实际应用中，人们希望触发器的状态在钟控脉冲信号（CP）的作用下，根据当时的输入激励条件发生相应的转移。在基本触发器的基础上加上导引电路，即构成**钟控触发器**。

6.2.1 钟控 RS 触发器

1. 电路组成

图 6-5（a）所示是钟控 RS 触发器的逻辑电路。与非门 A、B 构成基本触发器，与非门 C、E 是控制门，输入信号 R、S 通过控制门进行传送，CP 叫作时钟脉冲，它是输入控制信号。从图中可以得知：

$$\overline{S_D} = \overline{S \cdot CP}$$
$$\overline{R_D} = \overline{R \cdot CP} \tag{6-2}$$

图 6-5（b）所示是钟控 RS 触发器的逻辑符号，方框下面输入端处的小圆圈表示低电平有效，时钟 C1 端高电平有效，方框上面的两个输出端中，一个无小圆圈，为 Q 端，一个有小圆圈，为 $\overline{Q}$ 端，在正常工作情况下，两者是互补的。

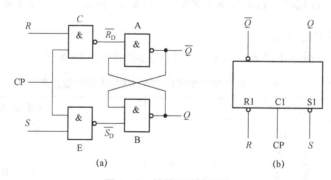

(a)　　　　　　　　　(b)

图 6-5 钟控 RS 触发器

（a）逻辑电路；（b）逻辑符号

2. 功能描述

1) 特性表和特征方程

从图 6-5（a）所示电路可以明显看出，CP=0 时控制门被 C、E 封锁，即 $\overline{R_\mathrm{D}}=1$，$\overline{S_\mathrm{D}}=1$，基本 RS 触发器保持原来的状态不变。只有当 CP=1 时，即 $\overline{S_\mathrm{D}}=\overline{S}$，$\overline{R_\mathrm{D}}=\overline{R}$ 时，控制门被打开后，输入信号才会被接收，触发器状态发生转移。可列出表 6-3 所示的状态转移真值表。

表 6-3　钟控 RS 触发器的状态转移真值表

R	S	Q^{n+1}
0	0	Q^n
0	1	1
1	0	0
1	1	不定

由表 6-3 可列出以下状态转移方程：

$$\begin{cases} Q^{n+1} = S_\mathrm{D} + \overline{R_\mathrm{D}}Q^n \\ RS = 0 \end{cases} \tag{6-3}$$

其中 $RS=0$ 为约束条件，目的是为避免 R、S 出现全"1"竞争。

2) 波形图

由表 6-3 和 CP 可以画出钟控 RS 触发器的波形图，如图 6-6 所示。

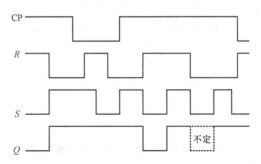

图 6-6　钟控触发器的波形图

3) 激励表和状态转移图

由表 6-3 和 CP 可以列出钟控 RS 触发器的激励表，见表 6-4，状态转移图如图 6-7 所示。

表 6-4　钟控 RS 触发器的激励表

状态转移		激励输入	
$Q^n \to Q^{n+1}$		R	S
0	0	×	0
0	1	0	1
1	0	1	0
1	1	0	×

6.2.2 钟控 D 触发器

R、S 之间的约束限制了钟控 RS 触发器的使用，为了解决该问题便出现了电路的改进形式——钟控 D 触发器，又叫作同步 D 触发器、D 锁存器。

1. 电路组成

图 6-8 所示是钟控 D 触发器的电路组成。

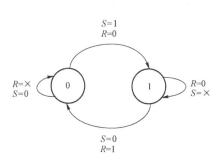

图 6-7　钟控 RS 触发器的状态转移图

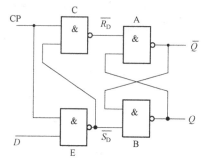

图 6-8　钟控 D 触发器的电路组成

2. 功能描述

由图 6-8 可知，$\overline{S_D} = \overline{D \cdot CP}$，$\overline{R_D} = \overline{\overline{D \cdot CP} \cdot CP}$。

当 CP=0 时，$\overline{R_D}=1$，$\overline{S_D}=1$，触发器状态保持不变。

当 CP=1 时，$\overline{R_D}=D$，$\overline{S_D}=\overline{D}$，触发器状态将发生转移。

由此得出钟控 D 触发器的特征方程为（CP=1 期间有效）：

$$Q^{n+1} = S_D + \overline{R_D}Q^n = D + DQ^n = D \tag{6-4}$$

由于 $\overline{S_D}$ 和 $\overline{R_D}$ 始终互补，因此约束条件始终满足，那么钟控 RS 触发器中 R、S 之间有约束的问题就被解决了。

回顾前文介绍过的基本 RS 触发器的状态转移真值表，见表 6-5。

表 6-5　基本 RS 触发器的状态转移真值表

$\overline{R_D}$	$\overline{S_D}$	Q^{n+1}
0	1	0
1	0	1
1	1	Q^n
0	0	不定

根据式（6-4），钟控 D 触发器的状态转移真值表也可以简化为表 6-6 所示的形式。

表 6-6　钟控 D 触发器的简化状态转移真值表

D	Q^{n+1}
0	0
1	1

此时可以分析并得出钟控 D 触发器的状态转移图（如图 6-9 所示）和波形图（设初态为"1"，如图 6-10 所示）。

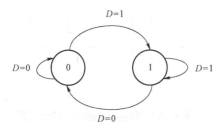

图 6-9　钟控 D 触发器的状态转移图

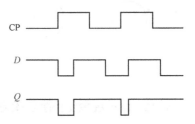

图 6-10　钟控 D 触发器的波形图

6.2.3　钟控 JK 触发器

JK 触发器和基本 RS 触发器结构相似，其区别在于，基本 RS 触发器不允许 R 与 S 同时为 1，而 JK 触发器允许 J 与 K 同时为 1。当 J 与 K 同时变为 1 时，输出的状态会反转。

1. 电路组成

图 6-11 所示为钟控 JK 触发器的电路组成。

2. 功能描述

由图 6-11 可得，$\overline{S_D} = \overline{J\overline{Q^n} \cdot \mathrm{CP}}$，$\overline{R_D} = \overline{KQ^n \cdot \mathrm{CP}}$。

当 CP=0 时，$\overline{R_D}=1$，$\overline{S_D}=1$，触发器状态保持不变。

当 CP=1 时，$\overline{S_D}=\overline{J\overline{Q^n}}$，$\overline{R_D}=\overline{KQ^n}$，触发器状态将发生转移。

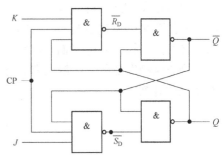

图 6-11　钟控 JK 触发器的电路组成

钟控 JK 触发器的特征方程为：

$$Q^{n+1} = S_D + \overline{R_D}Q^n = \overline{\overline{J\overline{Q^n}}} + \overline{\overline{KQ^n}}Q^n = J\overline{Q^n} + \overline{K}Q^n \tag{6-5}$$

同样的，$\overline{S_D}$ 和 $\overline{R_D}$ 始终互补，因此约束条件始终满足。

由式（6-5）可以得到钟控 JK 触发器的状态转移真值表，见表 6-7。

表 6-7　钟控 JK 触发器的状态转移真值表

$J\ \ K$	Q^{n+1}
0　0	Q^n
0　1	0
1　0	1
1　1	$\overline{Q^n}$

由此可以得到钟控 JK 触发器的状态转移图（如图 6-12 所示）及工作波形图（设初态为"1"，如图 6-13 所示）。

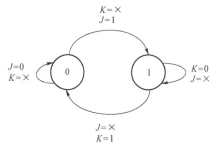

图 6-12　钟控 *JK* 触发器的状态转移图

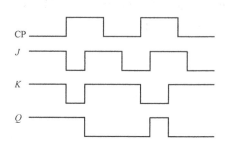

图 6-13　钟控 *JK* 触发器的波形图

6.2.4　钟控触发器的空翻现象

本节所讲的钟控触发器的触发方式是电位触发方式，即当 CP 为低电平时，触发器不接受输入激励信号，触发器状态保持不变；当 CP 为高电平时，触发器接受输入激励信号，触发器状态发生转移。

这种触发方式的特点是：在约定钟控信号电平期间，触发器接受输入激励信号，输入激励信号的变化会引起触发器状态的改变。因此，触发器将出现连续不停的翻转——**空翻现象**。而在非约定钟控信号电平期间，触发器不接受输入激励信号，无论输入激励信号如何变化，都不会影响触发器状态，触发器状态保持不变。对触发器加时钟脉冲的目的是确定触发器状态变化的时刻。

6.3　主从触发器

为了解决同步触发器的空翻现象，提高触发器工作的可靠性，人们在同步触发器的基础上设计了一种主从结构的主从触发器。

6.3.1　主从 *RS* 触发器

1. 电路组成

主从 *RS* 触发器的电路组成如图 6-14 所示。

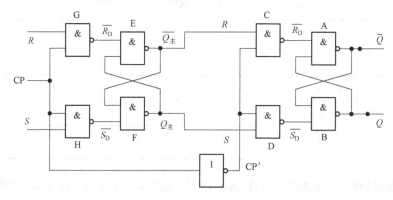

主触发器　　　　　　　　　　　从触发器

图 6-14　主从 *RS* 触发器的电路组成

2. 功能描述

在图 6-14 中，$CP' = \overline{CP}$。当 CP = 1，$CP' = 0$ 时，主触发器变化，从触发器封锁，即从触发器保持原状态不变。此时，

$$Q^{n+1} = Q_{主}^{n+1} = S + \overline{R}Q_{主}^n = S + \overline{R}Q^n \qquad (6-6)$$

其中约束条件为 $SR = 0$，上式在 CP 下降沿到来时有效。

当 CP = 0，$CP' = 1$ 时，主触发器封锁，从触发器变化，从触发器跟随主触发器状态。此时

$$Q = S_{从} = Q_{主} \qquad (6-7)$$

由以上关系可以推出 R、S 与 Q^{n+1} 的关系，见表 6-8。

表 6-8　主从 RS 触发器状态转移真值表

R	S	Q^{n+1}
0	0	Q^n
0	1	1
1	0	0
1	1	不定

主从 RS 触发器的工作过程可以简单概括为：CP = 1 期间，主触发器按照同步 RS 触发器的工作原理，接收输入信号 R、S；CP 下降沿到来时，从触发器按照主触发器的内容更新状态。来一个 CP 脉冲，触发器状态将翻转一次，又称为计数型触发器。

由以上分析，可以画出主从 RS 触发器的波形图，如图 6-15 所示。

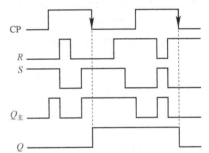

图 6-15　主从 RS 触发器的波形图

6.3.2　主从 JK 触发器

主从 JK 触发器是为了解决主从 RS 触发器中 R、S 之间有约束的问题而设计的。

1. 电路组成

主从 JK 触发器的电路组成如图 6-16 所示。

主从 JK 触发器是在主从 RS 触发器的基础上，把 Q 和 $\overline{Q}$ 分别引回到主触发器的输入端得到的。原来的 S 变成为 J，R 变成为 K，由于主从结构的电路形式未变，而输入信号变成了 J 和 K，故名主从 JK 触发器。

2. 功能描述

在图 6-16 中，$S = J\overline{Q^n}$、$R = KQ^n$。将其代入式（6-6）所示的主从 RS 触发器的状态方程可得：

$$Q^{n+1} = J\overline{Q^n} + \overline{K}Q^n \qquad (6-8)$$

上式在 CP 下降沿到来时有效。由于在 CP = 1 期间，Q 和 $\overline{Q}$ 一直互补，故已经没有 R 和 S 的约束问题。

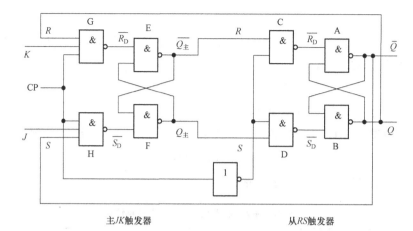

主JK触发器　　　　　　　　　　　　　　从RS触发器

图6-16　主从 *JK* 触发器的电路组成

主从 *JK* 触发器采用主从控制，时钟脉冲触发，功能完善，*J*、*K* 之间没有约束，是一种使用起来十分灵活方便的时钟触发器。但主从 *JK* 触发器存在一次翻转现象，主从 *JK* 触发器中的主触发器在 CP=1 期间其状态能且只能变化一次。这种变化既可能发生在 CP 上升沿，也可能发生在 CP=1 期间某时刻，甚至发生在 CP 下降沿前一瞬间；既可以是 *J* 和 *K* 变化引起的，也可以是干扰脉冲造成的。所以，一般情况下，主从 *JK* 触发器要求在 CP=1 期间输入信号的取值保持不变。如果在 CP=1 间输入信号发生变化，则会产生一次性变化。

在 CP=1 期间，主触发器可表示为

$$Q_\text{主}^{n+1} = J\overline{Q^n} + \overline{KQ^n}Q_\text{主}^n \qquad (6-9)$$

在主触发器状态发生改变之前，即 CP=0 时，$Q_\text{主}^n = Q^n$，所以有：

$$Q_\text{主}^{n+1} = J\overline{Q^n} + \overline{KQ^n}Q^n \qquad (6-10)$$

若主触发器接受输入激励信号，状态发生翻转，即 $Q_\text{主}^n = Q^n$，此时

$$Q_\text{主}^{n+1} = J\overline{Q^n} + \overline{KQ^nQ^n} = J\overline{Q^n} + \overline{K}\,\overline{Q^n} + \overline{Q^n} = \overline{Q^n} \qquad (6-11)$$

且与 *J*、*K* 无关。

根据式（6-8）可以列出表6-9所示的状态转移真值表，该表极其直观地描述了主从 *JK* 触发器的逻辑功能：次态 Q^{n+1}，现态 Q^n 和输入信号 *J*、*K* 间的逻辑关系。

表6-9　主从 *JK* 触发器的状态转移真值表

J	K	Q^{n+1}
0	0	Q^n
0	1	0
1	0	1
1	1	$\overline{Q^n}$

主从 *JK* 触发器的工作过程可以简要概括为：CP=1 时，主触发器工作，$Q_\text{主}^{n+1} = J\overline{Q^n} + \overline{KQ^n}Q^n$，

从触发器封锁，保持状态。CP=0 时，主触发器封锁即状态保持，从触发器工作，$Q_从 = Q_主$。CP 从 1 到 0 的下降沿时刻，从触发器的状态跟随在这一时刻的主触发器的状态转移，即 $Q^{n+1} = Q_主$。由此可以画出主从 JK 触发器的波形图，如图 6–17 所示。

图 6–18 所示为集成 JK 触发器的逻辑符号，其中 $\overline{R_D}$ 为强制置"0"端，$\overline{S_D}$ 为强制置"1"端。CP 端处若有小圆圈为下降沿触发，无小圆圈为上升沿触发。

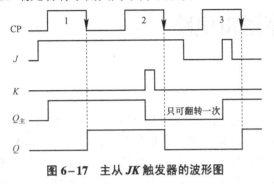

图 6–17　主从 JK 触发器的波形图

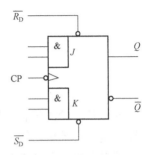

图 6–18　集成 JK 触发器的逻辑符号

6.4　边沿触发器

采用主从触发方式，可以克服电位触发方式的多次翻转现象，但一次翻转特性会降低抗干扰能力。为了解决主从 JK 触发器的一次性变化问题、增强电路工作的可靠性，出现了边沿触发器。边沿触发器可以分为上升沿触发方式和下降沿触发方式。

以边沿 D 触发器为例，其状态转移方程为

$$Q^{n+1} = D \cdot CP\uparrow \tag{6-12}$$

式中"↑"表示该触发器为上升沿触发。由式（6–12）可得出其状态转移真值表，见表 6–10。

表 6–10　边沿 D 触发器的状态转移真值表

D	Q^{n+1}
0	0
1	1

由特性表可画出边沿 D 触发器的波形图，如图 6–19 所示。

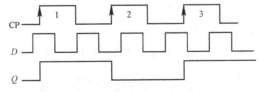

图 6–19　边沿 D 触发器的波形图

在某些情况下，边沿 D 触发器使用起来不如 JK 触发器方便，因为 JK 触发器在时钟脉冲操作下，根据 J、K 取值的不同，具有保持、置"0"、置"1"、翻转 4 种功能，而边沿 D 触发器只有置"1"和置"0"功能。

第7章
时序逻辑电路

在第 5 章所讨论的组合逻辑电路中，任意时刻的输出信号仅取决于当时的输入信号，这是组合逻辑电路在逻辑功能上的共同特点，其基础主要是逻辑代数和门电路。本章介绍另一种类型的逻辑电路，在这类逻辑电路中，任意时刻的输出不仅取决于该时刻输入逻辑变量的状态，还与电路原来的状态有关。具备这种逻辑功能特点的电路称为**时序逻辑电路**，简称时**序电路**。

常用的表示时序逻辑电路逻辑功能的方法有 5 种：逻辑图、状态转移方程、状态转移真值表、状态转移图和波形图。时序逻辑电路的基本分析方法，从某种意义上讲，就是由逻辑图到状态图的转换；而设计方法，在完成问题逻辑抽象获得最简状态图之后，剩下的也主要是由状态图到逻辑图的转换问题。

7.1 时序逻辑电路的特点和分类

7.1.1 时序逻辑电路的特点

图 7-1 所示是时序逻辑电路的结构示意。

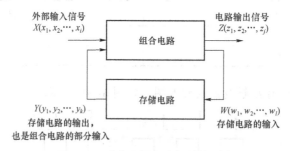

图 7-1 时序逻辑电路的结构示意

时序逻辑电路由两部分组成，一部分是组合逻辑电路，一部分是由触发器构成的存储电路。

时序逻辑电路的定义即其逻辑功能特点：在这类逻辑电路中，任意时刻的输出不仅取决于该时刻输入逻辑变量的状态，还与电路原来的状态有关。

时序逻辑电路的状态是由存储电路来记忆和表示的，所以从电路组成看，时序逻辑电路一定包含作为存储单元的触发器。时序逻辑电路中可以没有组合逻辑电路，但不能没有触发器。

7.1.2　时序逻辑电路的分类

1. 按电路中触发器状态变化是否同步划分

同步时序逻辑电路：存储电路状态的变更依靠同一时钟脉冲同步更新，即电路中要更新状态的触发器同步翻转。

异步时序逻辑电路：存储器件各状态更新不同步，因为各触发器 CP 的输入是不同的。

2. 按电路输出信号的特性划分

米里型（Mealy）：有外加输入信号的时序逻辑电路，即其输出不仅与现态有关，而且还取决于电路的输入。

摩尔型（Moore）：无外加输入信号的时序逻辑电路，其输出仅取决于电路的现态。

7.2　时序逻辑电路分析和设计

同组合逻辑电路一样，时序逻辑电路也有两大任务：一是分析，二是设计。

7.2.1　时序逻辑电路分析

1. 目的

时序逻辑电路分析就是对给定的时序逻辑电路，找出其输入与输出的逻辑关系，或者描述其逻辑功能、评价其电路是否为最佳设计方案。

2. 方法

可用状态转移方程、电路输出函数表达式、状态转移真值表、状态转移图、工作波形图等分析时序逻辑电路。

3. 一般步骤

（1）根据给定的时序逻辑电路，写出存储电路（如触发器）的激励（驱动）方程，即存储电路的输入信号的逻辑函数表达式。

（2）写出存储电路的状态转移方程，并根据输出电路，写出输出函数表达式。若存储电路由触发器构成，可根据触发器的状态方程和驱动方程写出各个触发器的状态转移方程。

（3）由状态转移方程和输出函数表达式，列出状态转移真值表，画出状态转移图。

（4）画出波形图（时序图）。

例 7−1　分析图 7−2 所示同步时序逻辑电路。

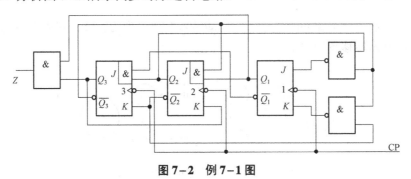

图 7−2　例 7−1 图

解 图 7-2 所示的电路是由 3 个 JK 触发器作为存储电路，同两个与非门、一个与门构成。各级触发器受同一时钟 CP 控制。

写出各级触发器的驱动方程（激励函数）：

$$\begin{cases} J_1 = \overline{\overline{Q_3^n Q_2^n}}, \ K_1 = \overline{\overline{Q_3^n Q_2^n}} \\ J_2 = \overline{Q_3^n Q_1^n}, \ K_2 = Q_3^n \\ J_3 = Q_2^n \overline{Q_1^n}, \ K_3 = \overline{Q_2^n} \end{cases}$$

将各级触发器的激励函数代入状态转移方程 $Q^{n+1} = J\overline{Q^n} + \overline{K}Q^n$ 得到各级触发器的状态转移方程。

$$\begin{cases} Q_1^{n+1} = [\overline{\overline{Q_3^n Q_2^n}} \, \overline{Q_1^n} + \overline{Q_3^n} \overline{Q_2^n} Q_1^n] \cdot \text{CP} \downarrow \\ Q_2^{n+1} = [\overline{Q_3^n} Q_1^n \overline{Q_2^n} + \overline{Q_3^n} Q_2^n] \cdot \text{CP} \downarrow \\ Q_3^{n+1} = [Q_2^n \overline{Q_1^n} \, \overline{Q_3} + Q_3^n Q_2^n] \cdot \text{CP} \downarrow \end{cases}$$

输出方程为：

$$Z = Q_3^n Q_1^n$$

由状态转移方程、输出函数列出状态转移真值表，画出状态转移图。由于电路没有外加输入信号，因此存储电路的次态和输出只取决于电路的初态。

设各级触发器的初态为 $Q_3^n Q_2^n Q_1^n = 000$，其状态转移真值表见表 7-1。

表 7-1 例 7-1 电路的状态转移真值表

序号	初态			次态			输出
	Q_3^n	Q_2^n	Q_1^n	Q_3^{n+1}	Q_2^{n+1}	Q_1^{n+1}	Z
0	0	0	0	0	0	1	0
1	0	0	1	0	1	1	0
2	0	1	1	0	1	0	0
3	0	1	0	1	1	0	0
4	1	1	0	1	0	1	0
5	1	0	1	0	0	0	1
偏离状态	1	1	1	1	0	0	1
	1	0	0	0	0	1	0

偏离状态能够在计数脉冲的作用下，自动转入有效序列的特性，称为自启动特性。

该电路的状态转移图如图 7-3 所示。

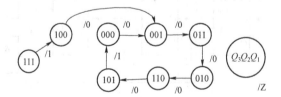

图 7-3 例 7-1 电路的状态转移图

画出该电路的波形图（时序图），如图 7-4 所示。

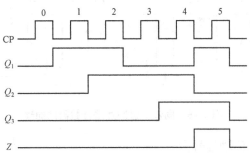

图 7-4 例 7-1 电路的波形图

7.2.2 时序逻辑电路的设计

"设计"是"分析"的逆过程，根据给定的要求，设计出满足要求的时序逻辑电路。计数器、移位寄存器是时序逻辑电路的典型设计，因此这部分将在后面几节结合实例进行说明。

7.3 时序逻辑电路应用（一）——计数器

人们在日常生活中不可避免地会遇到各种各样的计数问题，广义地讲，一切能够完成计数工作的器物都可称为计数器。在数字电路中，把记录输入 CP 脉冲个数的操作叫作**计数**，能实现计数操作的电路称为**计数器**。

一般地说，这种计数器除了输入计数脉冲 CP 信号之外，很少有另外的输入信号，其输出通常也都是现态的函数，是一种摩尔型的时序电路，而输入计数脉冲 CP 是当作触发器的时钟信号对待的。

从电路组成看，其主要组成单元是时钟触发器。计数器不仅对时钟脉冲计数，还可以用于分频、定时、产生节拍脉冲序列以及进行数字运算等。

按计数器的计数模值不同，计数器可分为二进制计数器、十进制计数器和 N 进制计数器。

按计数过程中数字的增减趋势，计数器可分为加法计数器、减法计数器和可逆计数器。

按计数脉冲引入方式，计数器可分为同步计数器和异步计数器。

按集成度分类，计数器可分为小规模计数器、中规模集成计数器。

7.3.1 同步二进制计数器

同步计数器，即将计数脉冲同时引入各级触发器，当输入计数时钟脉冲触发时，各级触发器的状态同时发生转移。

根据二进制运算规则可知，在一个多位二进制数的末位加上 1 时，若其中任何一位以下皆为 1，则该位应改变状态（由 0 变 1 或由 1 变 0）。而最低位的状态在每次加 1 时都要改变。

图 7-5 所示为应用 JK 触发器的同步二进制加法计数器的原理。

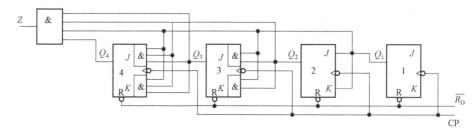

图 7-5 同步二进制加法计数器的原理

其中，各级触发器的激励信号为

$$J_1 = K_1 = 1$$
$$J_2 = K_2 = Q_1^n$$
$$J_3 = K_3 = Q_2^n Q_1^n$$
$$J_4 = K_4 = Q_3^n Q_2^n Q_1^n$$

（7-1）

各级触发器的状态转移方程为

$$Q_1^{n+1} = [\overline{Q_1^n}] \cdot \text{CP}\downarrow$$
$$Q_2^{n+1} = [Q_1^n \overline{Q_2^n} + \overline{Q_1^n} Q_2^n] \cdot \text{CP}\downarrow$$
$$Q_3^{n+1} = [Q_1^n Q_2^n \overline{Q_3^n} + \overline{Q_1^n Q_2^n} Q_3^n] \cdot \text{CP}\downarrow$$
$$Q_4^{n+1} = [Q_1^n Q_2^n Q_3^n \overline{Q_4^n} + \overline{Q_1^n Q_2^n Q_3^n} Q_4^n] \cdot \text{CP}\downarrow$$

（7-2）

输出函数表达式为

$$Z = Q_1^n Q_2^n Q_3^n Q_4^n$$

（7-3）

由此可得出，同步二进制加法计数器的状态转移真值表见表 7-2。

表 7-2 同步二进制加法计数器的状态转移真值表

序号	初态				次态				输出
	Q_4^n	Q_3^n	Q_2^n	Q_1^n	Q_4^{n+1}	Q_3^{n+1}	Q_2^{n+1}	Q_1^{n+1}	Z
0	0	0	0	0	0	0	0	1	0
1	0	0	0	1	0	0	1	0	0
2	0	0	1	0	0	0	1	1	0
3	0	0	1	1	0	1	0	0	0
4	0	1	0	0	0	1	0	1	0
5	0	1	0	1	0	1	1	0	0
6	0	1	1	0	0	1	1	1	0
7	0	1	1	1	1	0	0	0	0
8	1	0	0	0	1	0	0	1	0
9	1	0	0	1	1	0	1	0	0
10	1	0	1	0	1	0	1	1	0
11	1	0	1	1	1	1	0	0	0
12	1	1	0	0	1	1	0	1	0

续表

序号	初态				次态				输出
	Q_4^n	Q_3^n	Q_2^n	Q_1^n	Q_4^{n+1}	Q_3^{n+1}	Q_2^{n+1}	Q_1^{n+1}	Z
13	1	1	0	1	1	1	1	0	0
14	1	1	1	0	1	1	1	1	0
15	1	1	1	1	0	0	0	0	1

图 7-6 为图 7-5 所示同步二进制加法计数器对应的状态转移图。

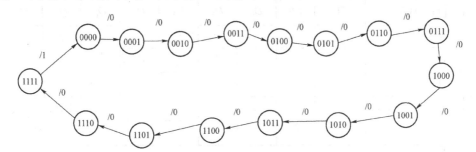

图 7-6　同步二进制加法计数器的状态转移图

7.3.2　任意进制计数器

在计数脉冲的驱动下，计数器中循环的状态个数称为计数器的**模数**。如用 N 表示模数，则 n 位二进制计数器的模数为 $N = 2^n$（n 为构成计数器的触发器的个数）。

构成 N 进制计数器的方法大致分 3 种：第一种是利用触发器直接构成的，称为反馈阻塞法；第二种是用集成计数器构成的，有清零型和置位型两种；第三种是利用级联方法获得大容量的 N 进制计数器。本书讨论第二种和第三种方法。

1. 中规模集成同步计数器

上面讲到，集成电路构成的 N 进制计数器主要分为两大类：清零型和置位型。实际上，根据触发器状态转移是否同步，可进一步分为同步清零型、同步置位型、异步清零型、异步置位型等。本书只讨论异步清零、同步置位的方法。

1）CT54/74LS161 型计数器

图 7-7 所示为 CT54/74LS161 的引脚排列和逻辑功能示意。

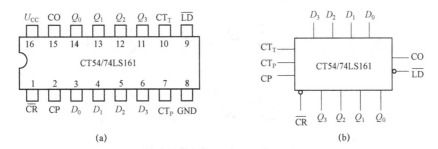

(a)　　　　　　　　　　　(b)

图 7-7　4 位同步二进制加法计数器 CT54/74LS161

（a）引脚排列；（b）逻辑功能示意

图 7-7（a）中，U_{CC} 为电源端；CO 为进位输出端；$Q_0 \sim Q_3$ 为输出端；CT_T、CT_P 为使能端；$\overline{CR}$ 为异步置零（复位）端，$\overline{LD}$ 为同步预置数控制端；$D_0 \sim D_3$ 为置位输入端；GND 为接地端。

表 7-3 为 CT54/74LS161 的功能表。它给出了当 CT_T、CT_P 为不同取值时电路的工作状态。

表 7-3　CT54/74LS161 的功能表

输入									输出			
$\overline{CR}$	$\overline{LD}$	CT_T	CT_P	CP	D_0	D_1	D_2	D_3	Q_0	Q_1	Q_2	Q_3
0	×	×	×	×	×	×	×	×	0	0	0	0
1	0	×	×	↑	d_0	d_1	d_2	d_3	d_0	d_1	d_2	d_3
1	1	1	1	↑	×	×	×	×	计数			
1	1	0	×	×	×	×	×	×	保持，CO = 0			
1	1	×	0	×	×	×	×	×	保持			

当 $\overline{CR} = 0$ 时，所有触发器的输出将同时被置零，且置零操作不受其他输入端状态的影响。

当 $\overline{CR} = 1$，$\overline{LD} = 0$ 时，电路工作在同步预置数状态，输出端的状态由 $D_0 \sim D_3$ 决定。例如，若 $D_0 = 1$，则 CP 上升沿到达后 Q_0 被置为 1。

当 $\overline{CR} = \overline{LD} = CT_T = CT_P = 1$ 时，电路工作在计数状态。从电路的 0000 状态开始连续输入 16 个计数脉冲时，电路将从 1111 状态返回到 0000 状态，CO 端从高电平跳变至低电平。可以利用 CO 端输出的高电平或下降沿作为进位输出信号。

当 $\overline{CR} = \overline{LD} = 1$ 时，如果 $CT_T = 0$，则无论 CT_P 为何种状态，计数器的状态也将保持不变，且这时进位输出端 CO 等于 0。

当 $\overline{CR} = \overline{LD} = 1$ 时，如果 $CT_T = 0$，则无论 CT_T 为何种状态，计数器将保持原来的状态不变。

例 7-2　用一片 CT54/74LS161 构成十进制同步计数器。

解　直接写出状态转移图，如图 7-8 所示。

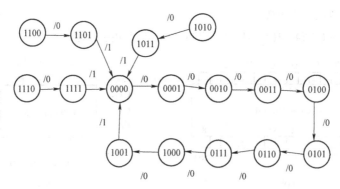

图 7-8　例 7-2 的状态转移图

其电路连接如图 7-9 所示。

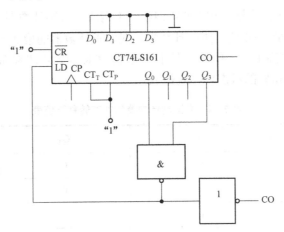

图 7-9　例 7-2 的电路连接图

根据其状态转移图，可画出波形图，如图 7-10 所示。

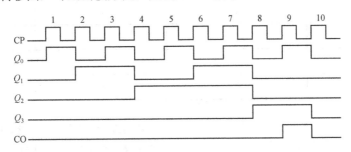

图 7-10　例 7-2 的波形图

通过检测自启动特性，可以自启动则成功。同时，此电路还可以认为是分频器。

$$分频比 = \frac{输入脉冲频率}{输出脉冲频率}$$

2）异步清零法

假设已有的是 N 进制计数器，而需要得到的是 M 进制计数器。

清零法适用于有置零输入端的计数器。对于有异步置零输入端的计数器，它的工作原理（如图 7-11 所示）是这样的：设原有的计数器为 N 进制，当它从全 0 状态 S_0 开始计数并接受了 M 个计数脉冲以后，电路进入 S_M 状态。如果将 S_M 状态译码产生一个置零信号加到计数器的异步置零输入端 $\overline{CR}$，则计数器将立刻返回 S_0 状态，这样就可以跳过 $N-M$ 个状态而得到 M 进制计数器（或称为分频器）。

其中由于电路一进入 S_M 状态后立即被置成 S_0 状态，所以 S_M 状态仅在极短的瞬时出现，在稳定的状态循环中不包括 S_M

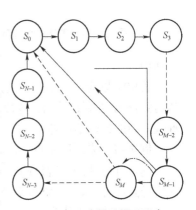

图 7-11　清零法原理示意

状态。

例 7-3 采用异步清零法，用 CT54/74LS161 构成九进制计数器。

解 CT54/74LS161 是 4 位二进制计数器，现要求计数器的模 $N=9$，只需一片即可完成。根据功能表，将 $\overline{LD}$ 接高电平，使其具有计数条件，$\overline{CR}$ 为异步清零端，当输出为 9 时，执行归零功能。表 7-4 为相应的状态转移真值表。

表 7-4 九进制计数器的状态转移真值表

Q_3	Q_2	Q_1	Q_0
0	0	0	0
0	0	0	1
0	0	1	0
0	0	1	1
0	1	0	0
0	1	0	1
0	1	1	0
0	1	1	1
1	0	0	1

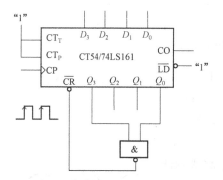

图 7-12 采用异步清零法的九进制计数器电路连接

根据状态转移真值表，可以得出异步清零端 $\overline{CR} = \overline{Q_3^n Q_0^n}$，因此输出端接 Q_3 和 Q_0。图 7-12 所示为采用异步清零法的九进制计数器电路连接。

3）同步置位法

对于有同步置零输入端的计数器，由于置零输入端变为有效电平后计数器并不会立刻被置零，必须等下一个时钟信号到达后才能将计数器置零，因此应由 S_{M-1} 状态译出同步置零信号，而且 S_{M-1} 状态包含在稳定状态的循环中。

置位法与清零法不同，它是通过给计数器重复置入某个数值的方法跳跃 $N-M$ 个状态，从而获得 M 进制计数器。置数操作可以在电路的任何一个状态下进行。这种方法适用于有预置数功能的计数器电路。

例 7-4 采用同步置位法，用 CT54/74LS161 构成九进制计数器。

同步置位法涉及置位端 $\overline{LD}$，用 $Q_3 Q_2 Q_1 Q_0 = 1000$ 的状态译码产生 $\overline{LD} = 0$ 信号，下一个时钟信号到达时将置入 0000 状态，得到九进制计数器。表 7-5 为采用同步置位法的九进制计数器的状态转移真值表。

表 7-5　采用同步置位法的九进制计数器的状态转移真值表

Q_3	Q_2	Q_1	Q_0
0	0	0	0
0	0	1	0
0	0	1	1
0	1	0	0
0	1	0	1
0	1	1	0
0	1	1	1
1	0	0	0

图 7-13 所示是采用同步置位法的九进制计数器电路连接，其中 $D_0 \sim D_3$ 必须接 0，$\overline{CR}$ 接高电平。

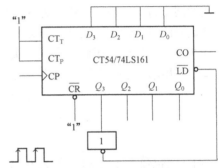

图 7-13　采用同步置位法的九进制计数器电路连接

2. 计数器的级联

上面讨论的是 $M < N$ 的情况，还有 $M > N$ 的情况，这时必须用多片 N 进制计数器组合起来才能构成 M 进制计数器。各片之间（或称为各级之间）的连接方式可分为异步方式（串行进位方式）、同步方式（并行进位方式）。

若 M 可以分解成两个小于 N 的因数相乘，即 $M = N_1 \cdot N_2$，则可直接采用异步或同步方式将一个 N_1 进制计数器和一个 N_2 进制计数器连接起来，构成 M 进制计数器。

若 M 不能分解为 N_1 和 N_2，这时需在上面两种连接方式的基础上结合清零法和置位法来完成，基本原理与 $M < N$ 时是一样的。

1）异步方式

所谓异步方式，即串行进位方式是指低位计数器的进位输出直接作为高位计数器的时钟脉冲，其缺点是速度较慢。

如一片 CT54/74LS161 为 4 位，最多可构成十六进制计数器，而两片 CT54/74LS161 采用异步级联则最多可构成二百五十六进制计数器。

例 7-5　采用异步级联的方式实现二百进制计数器。

解　采用置位法，则循环状态有 $N-1$ 个。

$$N - 1 = 200 - 1 = 199 = 16 \times 12 + 7$$

$$\downarrow \qquad \downarrow$$

高位　低位

其中，高位数字 12 相应的 8421 码为 1100，对应连接 $Q_3 Q_2$。低位数字 7 相应的 8421 码为 0111，对应连接 $Q_2 Q_1 Q_0$。具体连接方式如图 7-14 所示。

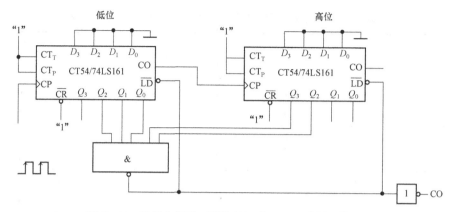

图 7-14 用异步级联（置位法）实现二百进制计数器

2）同步方式

所谓同步方式，即并行进位方式是指各计数器的 CP 端连在一起，接统一的时钟脉冲，低位计数器的进位输出送至高位计数器的计数控制端，其速度较快。

例 7-6 采用同步级联的方式，实现一百进制计数器。

解 采用清零法，循环状态有 N 个。

$$N = 100 = 16 \times 6 + 4$$

$$\downarrow \quad \downarrow$$

高位 低位

其中，高位数字 6 的 8421 码为 0110，对应 Q_2Q_1。低位数字 4 的 8421 码为 0100，对应 Q_2。具体的电路连接如图 7-15 所示。

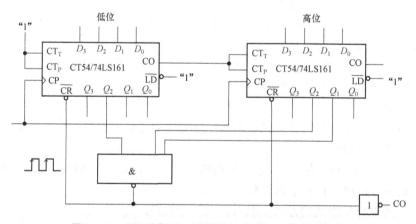

图 7-15 用同步级联（清零法）实现一百进制计数器

7.4 时序逻辑电路应用（二）——寄存器

把二进制数据或代码暂时存储起来的操作叫作**寄存**，具有寄存功能的电路称为**寄存器**。寄存器是由具有存储功能的触发器组合起来构成的。一个触发器可以存储 1 位二进制代码，

存放 n 位二进制代码的寄存器，需用 n 个触发器构成。

按照功能分类，寄存器可以分为基本寄存器和移位寄存器。

7.4.1　基本寄存器

数据或代码只能并行送入寄存器中，需要时也只能并行输出。存储单元用基本触发器、同步触发器、主从触发器及边沿触发器均可。

按照接收代码的方式不同，基本寄存器有单拍工作方式和双拍工作方式两种。

1. 单拍工作方式的基本寄存器

图 7-16 所示为 4 个 D 触发器构成的 4 位寄存器，触发器同步翻转，输出 $Q_0 \sim Q_3$ 将分别随 $D_0 \sim D_3$ 数值而变。这种电路寄存数据不需要去除原来数据的过程，只要上升沿一到达，新的数据就会存入，所以为单拍工作方式，即

$$Q_3^{n+1}Q_2^{n+1}Q_1^{n+1}Q_0^{n+1} = D_3D_2D_1D_0 \tag{7-4}$$

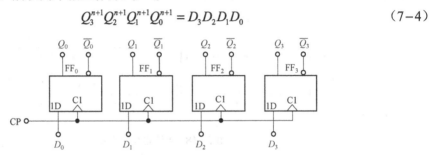

图 7-16　单拍工作方式的基本寄存器

2. 双拍工作方式的基本寄存器

图 7-17 所示是由 4 个 D 触发器构成的 4 位寄存器，它接收代码分两步（双拍）进行。

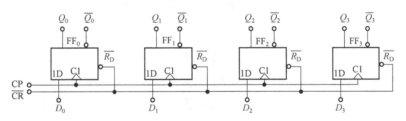

图 7-17　双拍工作方式的基本寄存器

第一步，清零。用异步清零法（$\overline{CR}=0$）将所有触发器置零，即

$$Q_3^nQ_2^nQ_1^nQ_0^n = 0000 \tag{7-5}$$

第二步，送数。$\overline{CR}=1$ 时，CP 上升沿使数据 $D_3 \sim D_0$ 存入触发器。凡是输入数据为 1 的位，相应与门一定会输出 1，将该触发器置 1；数据输入为 0 的位，相应与门输出为 0，对应的触发器保持 0 状态不变。寄存器的内容从 $D_3 \sim D_0$ 这 4 个触发器的输出端读出，即

$$Q_3^{n+1}Q_2^{n+1}Q_1^{n+1}Q_0^{n+1} = D_3D_2D_1D_0 \tag{7-6}$$

在 $\overline{CR}=1$ 和 CP 上升沿以外的时间，寄存器的内容将保持不变。

双拍工作方式的优点是电路简单，其缺点是每次接收数据都必须给两个控制脉冲，不仅操作不够方便，而且限制了电路的工作速度，所以定型产品集成寄存器很少采用双拍工作方

式，都采用单拍工作方式。

7.4.2 移位寄存器

存储在寄存器中的数据或代码在移位脉冲的操作下可以逐位右移或左移，而数据或代码既可以并行输入、并行输出，也可以串行输入、串行输出，还可以并行输入、串行输出，串行输入、并行输出，十分灵活，用途也很广，这种寄存器叫作**移位寄存器**。存储单元则只能用主从触发器或者边沿触发器。

移位寄存器常按照在移位命令操作下移位情况的不同，分为单向移位寄存器和双向移位寄存器两大类。

1. 单向移位寄存器

图 7-18 所示是用边沿 D 触发器构成的 4 位右移寄存器。

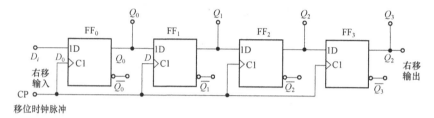

图 7-18　4 位右移寄存器

从电路结构看，它有两个基本特征：一是由相同的存储单元组成，存储单元个数就是移位寄存器的位数；二是各个存储单元共用一个时钟信号——移位操作命令，电路工作是同步的，属于同步时序电路，即有时钟方程：

$$CP_0 = CP_1 = CP_2 = CP_3 = CP \tag{7-7}$$

驱动方程为

$$\begin{aligned} D_0 &= D_i \\ D_1 &= Q_0^n \\ D_2 &= Q_1^n \\ D_3 &= Q_2^n \end{aligned} \tag{7-8}$$

状态转移方程为

$$\begin{aligned} Q_0^{n+1} &= D_i \\ Q_1^{n+1} &= Q_0^n \\ Q_2^{n+1} &= Q_1^n \\ Q_3^{n+1} &= Q_2^n \end{aligned} \tag{7-9}$$

表 7-6 为图 7-18 所示 4 位右移寄存器的状态转移真值表。它具体地描述了单向（右移）移位过程。当连续输入 4 个 1 时，D_i 经 FF_0 在 CP 上升沿操作下，依次被移入寄存器中，经过 4 个 CP 脉冲，寄存器就变成全 1 状态，即 4 个 1 右移输入完毕。若再连续输入 4 个 0，4 个 CP 脉冲之后，寄存器将变成全 0 状态。

表7-6 4位右移寄存器的状态转移真值表

输入		现态				次态				说明
D_i	CP	Q_0^n	Q_1^n	Q_2^n	Q_3^n	Q_0^{n+1}	Q_1^{n+1}	Q_2^{n+1}	Q_3^{n+1}	
1	↑	0	0	0	0	1	0	0	0	
1	↑	1	0	0	0	1	1	0	0	连续输入
1	↑	1	1	0	0	1	1	1	0	4个1
1	↑	1	1	1	0	1	1	1	1	

左移寄存器的工作原理与右移寄存器并无本质区别，只是移位方向变成为由右至左。

单向位移寄存器的主要特点为：① 单向移位寄存器中的数码，在 CP 脉冲操作下，可以依次右移或左移。② n 位单向移位寄存器可以寄存 n 位二进制代码。n 个 CP 脉冲即可完成串行输入工作，此后可从 $Q_0 \sim Q_{n-1}$ 端获得并行的 n 位二进制数码，再用 n 个 CP 脉冲又可实现串行输出操作。③ 若串行输入端状态为 0，则 n 个 CP 脉冲后，单向移位寄存器便被清零。

2. 双向移位寄存器

把左移和右移寄存器组合起来，加上移位方向控制信号，便可构成双向移位寄存器。图 7-19 所示为基本的 4 位双向移位寄存器。M 是移位方向控制信号，D_{SR} 是右移串行输入端，$Q_0 \sim Q_3$ 是并行输出端，CP 是时钟脉冲信号。

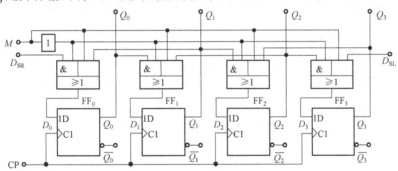

图7-19 基本的4位双向移位寄存器

在图 7-19 中，4 个与或门构成了 4 个 2 选 1 数据选择器，其输出就是送给相应边沿 D 触发器的同步输入端信号，M 是选择控制信号，由电路可得驱动方程：

$$D_0 = \bar{M}D_{SR} + MQ_1^n$$
$$D_1 = \bar{M}Q_0^n + MQ_2^n$$
$$D_2 = \bar{M}Q_1^n + MQ_3^n \tag{7-10}$$
$$D_3 = \bar{M}Q_2^n + MD_{SL}$$

代入 D 触发器的状态转移方程可得到 4 个触发器的状态方程（CP 上升沿时刻有效）：

$$Q_0^{n+1} = \bar{M}D_{SR} + MQ_1^n$$
$$Q_1^{n+1} = \bar{M}Q_0^n + MQ_2^n$$
$$Q_2^{n+1} = \bar{M}Q_1^n + MQ_3^n \tag{7-11}$$
$$Q_3^{n+1} = \bar{M}Q_2^n + MD_{SL}$$

当 $M=0$ 时，电路为 4 位右移寄存器：

$$Q_0^{n+1} = D_{SR}$$
$$Q_1^{n+1} = Q_0^n$$
$$Q_2^{n+1} = Q_1^n \qquad (7-12)$$
$$Q_3^{n+1} = Q_2^n$$

当 $M=1$ 时，电路为 4 位左移寄存器：

$$Q_0^{n+1} = Q_1^n$$
$$Q_1^{n+1} = Q_2^n$$
$$Q_2^{n+1} = Q_3^n \qquad (7-13)$$
$$Q_3^{n+1} = D_{SL}$$

3. 集成移位寄存器

集成移位寄存器产品较多,现以比较典型的 4 位双向移位寄存器 74LS194 为例作简单说明。

图 7-20 所示是 4 位双向移位寄存器 74LS194 的引脚排列和逻辑功能示意。$\overline{CR}$ 是清零端；M_0、M_1 是工作状态控制端；D_{SR} 和 D_{SL} 分别为右移和左移串行数码输入端；$D_0 \sim D_3$ 是并行数码输入端；$Q_0 \sim Q_3$ 是并行数码输出端；CP 是时钟脉冲-移位操作信号。

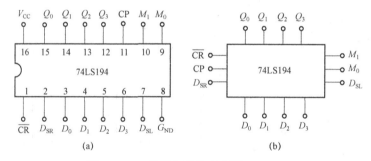

图 7-20 4 位双向移位寄存器 74LS194

（a）引脚排列；（b）逻辑功能示意

4 位双向移位寄存器 74LS194 的功能表见表 7-7，该表清晰地反映了 4 位双向移位寄存器 74LS194 的异步清零、保持、右移、左移和并行输入的功能。

表 7-7 4 位双向移位寄存器 74LS194 的功能表

$\overline{CR}$	M_0	M_1	CP	工作状态
0	x	x	x	异步清零
1	0	0	x	保持
1	0	1	↑	右移
1	1	0	↑	左移
1	1	1	x	并行输入

第三篇　模拟电路

第8章

放 大 电 路

电子器件组成的放大电路，关键是放大了功率。比如，共发射极电路既放大了电压又放大了电流，共集电极电路放大了电流而不降低电压，共基极电路放大了电压而不减小电流，总之，这3种电路的输出功率都得到了放大。因此，放大电路是用小信号去控制直流电源产生大的功率输出。在放大电路中本书将研究它的输入电阻、输出电阻和温度特性等。总之，较电路分析基础和数字电路两部分，模拟电路的内容较抽象，难度更大。

8.1 放大电路基础

8.1.1 半导体概述

根据导电能力的不同，自然界的物质可分为3类：导体、绝缘体和半导体。大多数半导体器件是由硅（Si）和锗（Ge）材料制成的，把完全纯净、具有单晶结构的半导体称为**本征半导体**，如单晶硅。本征半导体的内部原子的排列呈现**晶体结构**。因为制造半导体器件的材料都是晶体，所以半导体管也称为**晶体管**。

常见的半导体材料硅和锗都是四价元素，最外层电子既不像导体那样容易挣脱原子核的束缚，也不像绝缘体那样被原子核束缚得很紧，因此其导电性能介于导体和绝缘体之间。

为了让半导体的导电性可控，常常将特定的杂质元素掺入半导体。利用杂质半导体的导电性能随光照、加热等发生变化的特殊性质，可制成各种电子器件，如热敏元件和光敏元件等。

图8-1所示为硅的晶体结构和原子结构示意。晶体中的原子在空间排列成整齐有序的点阵，每个原子的最外层电子（价电子）围绕自身所属的原子核运动，同时围绕相邻原子的原子核运动，形成**共价键**。

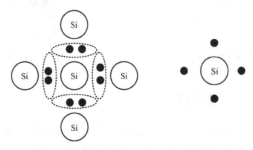

图8-1 硅的晶体结构和原子结构示意

在室温下，价电子很难摆脱原子核的束缚；但当有光照、加热作用时，有少数价电子在获得一定的外界能量后可摆脱原子核的束缚变为**自由电子**，并在原来的共价键位置上留下一个带正电的空位，称为**空穴**。

如果在纯净半导体两端外加一个电场，一方面自由电子将在电场的作用下产生定向移动，形成电子电流；另一方面由于空穴的存在，自由电子在移动的过程中会按一定的方向填补空穴，这可看作空穴也产生定向移动，其移动方向与电子的移动方向相反，空穴的移动会形成**空穴电流**。本征半导体中的电流是两个电流之和，但是电流很小。

通常把运载电荷的粒子称为**载流子**，故本征半导体中有自由电子和空穴两种载流子，两种载流子均参与导电。

8.1.2 杂质半导体

在本征半导体中掺入微量的杂质元素形成的半导体称为**杂质半导体**。根据掺入的杂质元素的不同，可将杂质半导体分为 P 型半导体和 N 型半导体，在室温条件下，对外保持电中性。

1. P 型半导体

在本征半导体中掺入微量的三价杂质元素（如硼、铝），其导电能力会大大增强。掺入三价杂质元素后，在与半导体原子形成共价键结构时会多出 1 个空穴，空穴容易接收电子而使杂质元素原子成为负离子，如图 8-2 所示。此时空穴的浓度大于自由电子的浓度，因此称空穴是多数载流子，简称**多子**；自由电子是少数载流子，简称**少子**。通常称这种掺入三价杂质元素的半导体为 P 型半导体，也称为**空穴型半导体**。

2. N 型半导体

在纯净半导体中掺入微量的五价杂质元素（如磷、砷），由于五价杂质元素原子的最外层有 5 个电子，在与周围的半导体原子形成共价键结构时会多出 1 个电子，电子在受外部条件激发（如通电、加热）时可能会挣脱原子核的束缚形成自由电子，此时杂质元素由于失去电子而成为正离子，如图 8-3 所示。此时自由电子的浓度大于空穴的浓度，因此此时自由电子是多子；空穴是共价键上的电子挣脱原子核的束缚而产生的，因此空穴是少子。通常称这种掺入五价杂质元素的半导体为 N 型半导体，也称为**电子型半导体**。

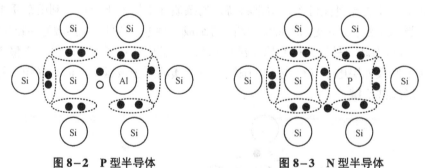

图 8-2　P 型半导体　　　　　图 8-3　N 型半导体

8.1.3　PN 结及其单向导电性

采用不同的掺杂工艺，通过扩散作用，将 P 型半导体和 N 型半导体制作在同一块半导体基片上，在它们的交界面处形成的空间电荷区称为**PN 结**，PN 结具有单向导电性。

1. PN 结的形成

P 型、N 型半导体交界面两侧的两种载流子浓度存在很大的差异：P 区的空穴浓度远大于 N 区的空穴浓度；而 N 区的自由电子浓度远大于 P 区的自由电子浓度。因此，会产生载流子从高浓度区向低浓度区的**扩散运动**，如图 8-4 所示。

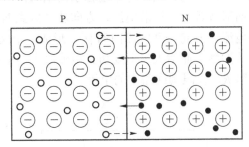

图 8-4　P 区与 N 区中多子的扩散运动（〇—空穴，●—自由电子）

P 区的多子空穴越过交界面扩散到 N 区，被 N 区的多子自由电子复合而消失；同时，N 区的多子自由电子越过交界面扩散到 P 区，然后被 P 区的多子空穴复合而消失。结果使交界面附近形成了由不能移动的正、负离子构成的**空间电荷区**，形成一个**内电场**，内电场方向由带正电的 N 区指向带负电的 P 区。随着扩散运动的进行，空间电荷区会加宽，内电场增强，其方向正好阻止了 P 区中的多子空穴和 N 区中的多子自由电子的扩散。

在内电场的电场力作用下，P 区的少子自由电子将向 N 区漂移，N 的少子空穴也会向 P 区漂移。漂移运动的方向正好与扩散运动的方向相反。从 N 区漂移到 P 区的空穴补充了原来交界面上 P 区失去的空穴，而从 P 区漂移到 N 区的自由电子补充了原来交界面上 N 区所失去的自由电子，这就使空间电荷变少。由此可见，漂移运动的作用是使空间电荷区变窄，与扩散运动的作用正好相反。在无外加电场和其他激发作用下，参与扩散运动的多子数目与参与漂移运动的少子数目相等时，达到动态平衡，这是交界面两侧形成的一定厚度的空间电荷区，称为 **PN 结**，如图 8-5 所示。

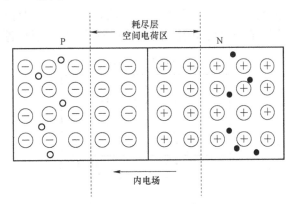

图 8-5　平衡状态下的 PN 结

2. PN 结的单向导电性

当 PN 结无外加电压时，载流子的扩散与漂移处于动态平衡状态，因此流过 PN 结的总电流为零。如果在 PN 结的两端外加电压，将破坏原来的平衡状态。此时，扩散电流不再等于漂移电流，因此 PN 结中将有电流流过。当外加电压极性不同时，PN 结表现出**单向导电性**。

1）正向导通

当 PN 结外加正向电压，即 P 区电压高于 N 区电压时，称 **PN 结正向偏置**，简称 **PN 结正偏**。此时外电场方向与内电场方向相反，外电场强于内电场，内电场被削弱，PN 结变窄，多子扩散运动被加剧，从而形成较大的扩散电流，方向从 P 区到 N 区。通常称此时的 **PN 结正向导通**，并形成了正向电流，方向从 P 区流向 N 区，形成一个闭合回路，如图 8-6 所示。正向电流随着正向偏置电压的增大而增大，但要防止电流过大而损坏 PN 结，常用的解决方案是在回路中串联一个电阻 R，以限制回路中的电流。

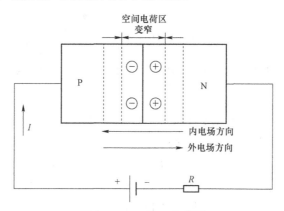

图 8-6　PN 结正向导通

2）反向截止

当 PN 结外加反向电压，即 N 区电压高于 P 区电压时，称 PN 结反向偏置，简称 PN 结反偏。此时外电场方向与内电场方向相同，内电场被加强，P 区中的空穴和 N 区中的自由电子在电场的作用下进一步离开 PN 结，使 PN 结变宽，多子扩散运动被阻止，少子的漂移运动被增强，从而形成漂移电流，方向从 N 区到 P 区。由于少子的浓度很低，即使所有的少子都参与漂移运动，漂移电流也很小，一般为微安数量级，因此在近似分析中常忽略不计。此时反向的 PN 结表现为一个阻值很大的电阻，通常称此时的 **PN 结反向截止**，如图 8-7 所示。

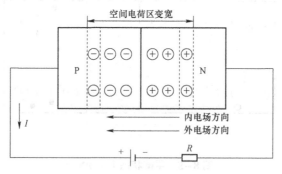

图 8-7　PN 结反向截止

总结：PN 结正偏时，可以通过较大的正向电流；PN 结反偏时，仅有微小的反向电流。这就是 PN 结的单向导电性。

8.1.4 二极管

1. 二极管的结构

将 PN 结用外壳封装并引出两根电极引线就构成了半导体二极管，简称**二极管**。P 区引出的电极为阳极（正极），N 区引出的电极为阴极（负极）。二极管的结构示意与电路符号如图 8-8 所示。

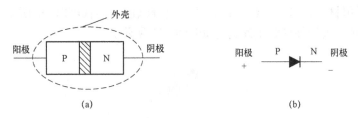

图 8-8　二极管的结构示意图和电路符号

（a）结构示意；（b）电路符号

2. 二极管的伏安特性

由于二极管是将 PN 结加上外壳并引出电极而制成的，因此当二极管外加正向电压和反向电压时，它也会呈现单向导电性。其外加电压与流过二极管的电流之间的关系称为**二极管的伏安特性**。

二极管的外加电压与电流的关系为

$$I = I_S\left(\mathrm{e}^{\frac{q}{kT}U} - 1\right) = I_S\left(\mathrm{e}^{\frac{U}{U_T}} - 1\right) \tag{8-1}$$

式中，I 为流过 PN 结的电流；U 为 PN 结两端的电压；$U_T = \dfrac{kT}{q}$ 为温度电压当量，其中的 k 为波尔兹曼常量，T 为热力学温度，q 为电子的电量，在室温（$T = 300\ \mathrm{K}$）下，$U_T = 26\ \mathrm{mV}$；I_S 为反向饱和电流。

当二极管外加正向电压即正偏，且 $U \gg U_T$ 时，$I \approx I_S\mathrm{e}^{\frac{U}{U_T}}$，即 I 随 U 按指数规律变化；当二极管外加反向电压，且 $|U| \gg U_T$ 时，$I \approx -I_S$。二极管的伏安特性曲线如图 8-9 所示。

二极管的伏安特性曲线分为正向特性和反向特性两个部分。

1）正向特性

在 $U > 0$ 的部分，只有当正向电压大于某一数值时，正向电流才从零开始随端电压按指数规律增大。通常把二极管开始导通的临界电压称为**开启电压** U_D，也称为**门限电压**或**导通电压**。一般地，硅二极管的 U_D 为 0.5～0.7 V，锗二极管的 U_D 为 0.1～0.2 V。

2）反向特性

在 $U < 0$ 的部分，当二极管外加反向电压时，反向电流用 I_S 表示。当 I_S 很小且基本不变时，该反向电流称为**反向饱**

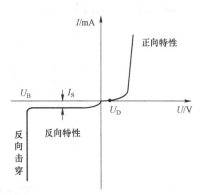

图 8-9　二极管的伏安特性曲线

和电流。根据材料的不同，反向饱和电流的大小也不相同，硅二极管的反向饱和电流小于 0.1 μA，一般为纳安（nA）数量级，锗二极管的反向饱和电流一般为几十 μA。当反向电压加到一定值时，反向电流急剧增大，产生击穿。不同型号二极管的击穿电压差别很大，普通的为几十伏，高反压管可达几千伏。

3. 发光二极管

发光二极管包括可见光、不可见光、激光等不同类型。对于可见光发光二极管来说，发光颜色决定于所用材料，可发出红、绿、蓝、黄等颜色，形状可以为圆形、长方形等，如图 8-10 所示。发光二极管外形和电路符号如图 8-11 所示。

图 8-10　常见发光二极管

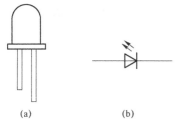

图 8-11　发光二极管的外形和
电路符号

（a）外形；（b）电路符号

发光二极管也具有单向导电性。只有当外加正向电压使正向电流足够大时才发光，其开启电压比普通二极管大，不同颜色的发光二极管也不同，红色为1.6～1.8 V，绿色约为 2 V。正向电流越大，发光越强。在使用时注意串联保护电阻，以避免超过最大功耗、最大正向电流和反向击穿电压等极限参数。

发光二极管因其驱动电压低、功率小、寿命长、可靠性高等优点，广泛用于显示电路中，如装饰、显示屏、照明等。

4. 光电二极管

光电二极管是远红外线接收管，是一种光能与电能进行转换的器件。PN 结型光电二极管充分利用 PN 结的光敏特性，将接收到的光的变化转换成电流的变化。常见光电二极管的外形和电路符号如图 8-12 所示。

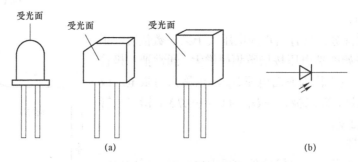

图 8-12　常见光电二极管的外形和电路符号

（a）外形；（b）电路符号

8.1.5　三极管

晶体三极管又称为双极性晶体管［以下简称"三极管"（Bipolar Junction Transistor，BJT）］或半导体三极管，它是电子电路中非常重要的元件，是一种利用输入电流控制输出电流的电流控制型器件。三极管最基本的特点是具有放大作用。图 8-13 所示为三极管的几种常见外形。

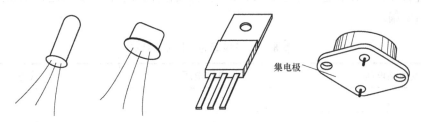

图 8-13　三极管的几种常见外形

1. 三极管的结构及特点

根据结构特点，三极管分为 NPN 型和 PNP 型两大类，其结构示意和电路符号如图 8-14 和图 8-15 所示。以 NPN 型三极管为例，它的中间为基区，是极薄的 P 型半导体，两侧均为 N 型半导体，发射区是 N^+ 型半导体，掺杂浓度比另一侧的集电区高。从集电区、基区、发射区所引出的电极相应地称为集电极（c）、基极（b）、发射极（e）。两块不同类型的半导体结合在一起时，其交界处会形成 PN 结，因此三极管有两个 PN 结：发射区与基区交界处的 PN 结称为发射结，集电区与基区交界处的 PN 结称为集电结。

PNP 型三极管的结构与 NPN 型三极管类似，不再赘述。需要注意区别两种类型三极管的电路符号，发射极箭头指向外的是 NPN 型三极管，发射极的箭头指向内的是 PNP 型三极管，发射极箭头方向与三极管放大工作时发射极电流的实际流向相同。

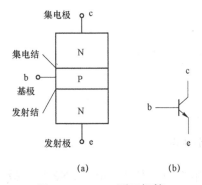

图 8-14　NPN 型三极管
（a）结构示意；（b）电路符号

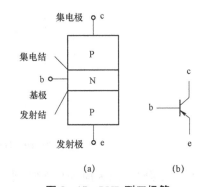

图 8-15　PNP 型三极管
（a）结构示意；（b）电路符号

由此可归纳三极管有以下几个结构特点：

（1）3 个区：集电区、基区、发射区；

（2）两个 PN 结：集电结、发射结；

（3）3 个电极：集电极（c）、基极（b）、发射极（e）；

（4）发射区掺杂浓度最高，基区最薄且掺杂浓度最低，集电区比发射区面积大而掺杂较少。

实际上，三极管的发射区和集电区是不对称的，在结构、形状、参杂浓度等方面具有很大的不同，所以不可将发射极与集电极对调使用。

2. 三极管放大的条件

三极管有 4 种工作状态，见表 8-1。人们需要的是晶体管的放大作用，也就是发射结正偏，集电结反偏。

表 8-1　三极管的 4 种工作状态

发射结电压	集电结电压	状态
正	反	放大
反	反	截止
正	正	饱和
反	正	倒置

以 NPN 型三极管为例，发射结正偏，发射区（N 区）电子不断向基区（P 区）扩散，形成发射极电流 I_E。进入 P 区的少部分电子与基区的空穴复合，形成电流 I_B；多数电子则扩散到集电结。从基区扩散来的电子漂移进入集电结而被收集，形成 I_C。如图 8-16 所示，三极管中 3 个电极的电流之间应该满足节点电流定律，即

$$I_E = I_B + I_C \tag{8-2}$$

实际上 I_B 极小，在实际工程中可忽略不计，即

$$I_E \approx I_C \tag{8-3}$$

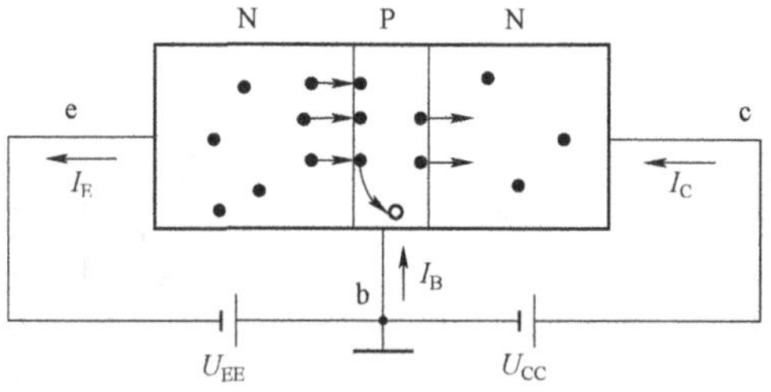

图 8-16　NPN 型三极管中电流示意

PNP 型三极管的放大原理与 NPN 型三极管基本相同。但是，由于 PNP 型三极管的发射区和集电区是 P 型半导体，而基区是 N 型半导体，所以，在由 PNP 型三极管组成的放大电路中，为了保证发射结正向偏置，集电结反向偏置，以便使三极管工作在放大区，应使 $U_C < U_B < U_E$，正好与 NPN 型三极管相反。

3. 三极管工作的 3 种组态

电路往往是四端网络，而三极管只有 3 个引脚，此时三极管必然会有某一个引脚既用作输入也用作输出。因此，三极管的 3 种组态称为共集电路、共基电路、共射电路，分别对应 3 种引脚作为输入、输出共用的情况。其中放大器的地线是电路中的共用参考点，所以三极

管的这根引脚应该交流接地，一般根据接地引脚就可判断放大器的类型。

3 种放大器工作的前提条件是保证电路工作在放大区，即发射结正偏，集电结反偏。

1）共射电路

图 8-17 所示为共射电路示意，它对电流和电压都有放大作用。

2）共基电路

图 8-18 所示为共基电路示意，它对电压有放大作用，对电流几乎没有作用。

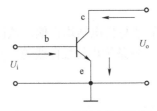

图 8-17　共射电路示意

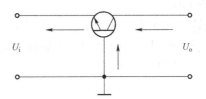

图 8-18　共基电路示意

3）共集电路

图 8-19 所示为共集电路示意，它对电流有放大作用，对电压没有作用。

4. 三极管的输出特性

三极管为三端器件，在电路中构成四端网络，它的每对端子均有两个变量（端口电压和端口电流），因此要在平面坐标上表示三极管的伏安特性，就必须采用曲线簇。本书主要介绍共射特性曲线。

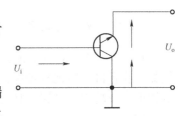

图 8-19　共集电路示意

共射极连接时，输出特性通常是指在输入电流 i_B 为一常量时，三极管的集电极与发射极之间的总电压 u_{CE} 同集电极总电流 i_C 的关系。其输出特性曲线如图 8-20 所示。根据外加电压的不同，整个曲线簇可划分为 4 个区：放大区、截止区、饱和区和击穿区。

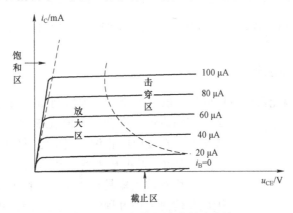

图 8-20　三极管的输出特性曲线

1）放大区

三极管工作在放大模式下时，其特征是发射结正偏，集电结反偏，即 $u_{BE} \geq U_D$，$u_{BC} < 0$。此时特性曲线表现为近似水平的部分，而且变化均匀，表示 i_C 几乎仅取决于 i_B。

在调节放大状态的时候，注意集电结上的反向偏压不要过大，否则会进入击穿区，使三极管损坏。

2）截止区

截止区的特征是发射结小于开启电压且集电结反向偏置，即 $u_{BE} < U_D$，$u_{BC} < 0$。此时 $i_B = 0$，$i_C \approx 0$，如图 8-20 中阴影部分所示。由于三极管的各级电流基本上都等于零，所以三极管处于截止状态，没有放大作用。

3）饱和区

三极管工作在饱和区时 $u_{BE} \geqslant U_D$，$u_{BC} > 0$，即发射结与集电结均正偏，该区域内三极管失去了放大作用，如图 8-20 中靠近纵坐标轴的区域，各条输出特性曲线的上升部分属于三极管工作在饱和区的状态。

8.2　基本放大电路

8.2.1　放大器概述

在电子技术中，人们需要将微弱的电信号（电流、电压或功率信号）放大到所需的强度。例如，收音机、电视机等都含有放大器。无论哪种放大器，其作用都是将微弱的电信号放大成幅度（或功率）足够大且与原来信号变化规律一致（不失真放大）的信号，以便人们测量和使用。

根据能量守恒的原理，放大器本身不能产生能量，它把电源的能量转化为输出信号来驱动负载。因此，放大器的本质是能量的控制和转换，是按照输入信号变化的规律，通过放大电路将直流电源的能量转换成负载所获的能量，使负载获得的能量大于信号源所提供的能量。能够控制能量的元件称为**有源元件**。放大电路中一定存在有源元件。

放大器的要求是不失真放大，因此主要关注放大器产生失真的条件以及如何减小失真，主要指标是放大倍数 $A = \dfrac{U_o}{U_i}$，它是直接衡量放大电路放大能力的重要指标。

8.2.2　基本放大电路

三极管及相关外围元器件可构成基本放大电路，放大器则由一级或多级基本放大电路组

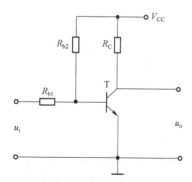

图 8-21　分压式基本共射放大电路

成。前面讲过三极管的 3 种组态：共射电路、共基电路和共集电路。在发射结正偏、集电结反偏的条件下，它们将构成 3 种放大器：共射放大器、共基放大器和共集放大器。

三极管放大器具有体积小、耗电省、便于集成等优点，因此在信息处理过程中被广泛使用。共射、共集放大器在低频电子电路中应用较广泛，而共基放大器则多用于高频电子电路。

图 8-21 所示为一种分压式基本共射放大电路（以 NPN 型三极管为例）。

图中，U_{CC} 接直流电压源 V_{CC} 正极，负极接公共参考地。

它的作用有两个，其一是提供三极管发射结和集电结的工作电压，保证发射结正偏和集电结反偏，使三极管工作在放大区；其二是向放大电路提供能源，放大电路及负载上的功率损耗均来自直流电源 V_{CC}。

为保证三极管处于放大区，应满足 $U_C > U_B > U_E$，对于 PNP 型三极管则相反。

8.3　放大电路的分析方法

分析放大电路就是在理解放大电路工作原理的基础上求解静态工作点和各项动态参数。本节介绍放大电路的两种分析方法：图解分析法和等效分析法。

8.3.1　放大电路的图解分析法

在已知三极管的输入特性、输出特性及放大电路中其他各元器件参数的情况下，利用作图的方法对放大电路进行分析即**图解分析法**。图解分析法的优点是直观，一般分为两个步骤：

（1）分析无输入信号时的静态特性；

（2）分析有输入信号时的动态特性。

1. 静态特性

分析静态特性的主要任务是求解静态工作点 Q。静态特性是在没有输入信号的情况下，三极管基极（b）、集电极（c）和发射极（e）3 个点的电压和电流的情况。已知 $i_E = i_B + i_C$，且电流放大倍数为 $\beta = \dfrac{i_C}{i_B}$，因此只需要求解 I_{BQ}、I_{CQ} 和 U_{CEQ} 3 个值即可，这 3 个值便构成静态工作点 Q。

例 8-1　以图 8-21 为例，求解其静态工作点。

解　求静态工作点时，将输入端短路，即 $u_i = 0$。

列输入方程，求出 I_{BQ}、I_{CQ}。

$$I_{BQ} = \frac{U_{CC} - U_{BEQ}}{R_{b2}} - \frac{U_{BEQ}}{R_{b1}} \tag{8-4}$$

$$I_{CQ} = \beta I_{BQ} \tag{8-5}$$

列输出方程。当没有输入信号时，在三极管的输出回路中，静态工作点既应在三极管 $I_B = I_{BQ}$ 的那条输出特性曲线上，又应满足外电路的回路方程，即

$$U_{CE} = U_{CC} - I_{CQ} R_C \tag{8-6}$$

在三极管的输出特性曲线 $i_C - u_{CE}$ 中画出式（8-6）所确定的直流负载线，它与横轴的交点为（U_{CC}，0），与纵轴的交点为 $\left(0, \dfrac{U_{CC}}{R_C}\right)$，斜率为 $-\dfrac{1}{R_C}$。找到 $i_B = I_{BQ}$ 的那条输出特性曲线，该曲线与上述直线的交点就是静态工作点 Q，其纵坐标值为 I_{CQ}，横坐标值为 U_{CEQ}，如图 8-22 所示。需要注意的是，如果输出特性曲线簇中没有 $i_B = I_{BQ}$ 的那条输出特性曲线，则应补测该条曲线。

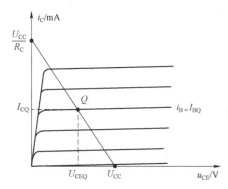

图8-22 用图解分析法求解静态工作点

如图 8-23 所示。

2. 动态特性

动态特性是指电路工作在放大状态的条件下，外加交流电压作用时，各个支路电压、电流的变化情况。

当输入电压为正弦波时，若静态工作点合适（如图 8-23 所示的 Q_1 点）且输入信号 u_i 较小，则三极管基极、发射极间的动态电压 u_{BE} 为正弦波，基极动态电流 i_B 也为正弦波，与 u_i 同相。在输出回路中，放大区内集电极电流 i_C 随基极电流 i_B 按 β 倍变化，即 $i_C = \beta i_B$，因此可以用 i_C 代替输入信号进行分析。i_C 与 u_{CE} 将沿负载线变化。当 i_C 增大时，u_{CE} 下降；当 i_C 下降时，u_{CE} 上升。由此得到动态管压降 u_{CE}，即输出电压 u_o，u_o 与 u_i 反相，

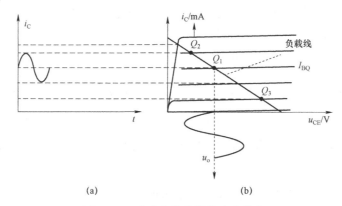

(a) (b)

图8-23 未产生失真的静态工作点
（a）输入回路的波形；（b）输出回路的波形

当 Q 点过高时，如图 8-24（b）中的 Q_2，输入信号正半周靠近峰值的某段时间内三极管进入饱和区，导致集电极动态电流 i_C 产生顶部失真，集电极电阻 R_C 上的电压波形必然随之产生同样的失真。输出电压 u_o 与 R_C 上电压的变化相位相反，导致 u_o 波形产生底部失真。三极管饱和所产生的失真称为**饱和失真**。

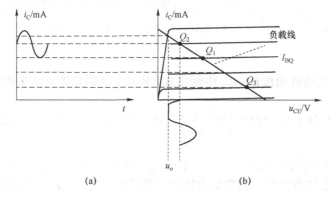

(a) (b)

图8-24 饱和失真
（a）输入回路的波形；（b）输出回路的波形

当 Q 点过低时，如图 8-25（b）中的 Q_3 点。在输入信号负半周靠近峰值的某段时间内，u_{BE} 小于其导通电压 U_D，三极管截止。因此基极电流 i_B 将产生底部失真。集电极动态电流的波形 i_C 和集电极电阻 R_C 上电压的波形必然随之产生同样的失真，所以输出电压一定失真。输出电压 u_o 与 R_C 上电压的变化相位相反，从而导致 u_o 波形产生顶部失真。三极管截止所产生的失真称为**截止失真**。

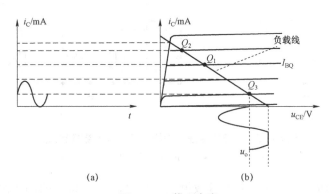

（a）

（b）

图 8-25　截止失真

（a）输入回路的波形；（b）输出回路的波形

截止失真和饱和失真都是非线性失真，属于比较极端的情况。另外，当输入信号幅度过大时，可能会同时产生饱和失真和截止失真。

选择合适阻值的负载对静态工作点也十分重要，负载过大将使静态工作点过低，负载过小则会使静态工作点过高，如图 8-26 所示。

图解分析法的特点是直观、形象地反映三极管的工作情况，但是必须实测所用管的特性曲线，而且用图解分析法进行定量分析时误差较大。此外，三极管的特性曲线只能反映信号频率较低时的电压、电流关系

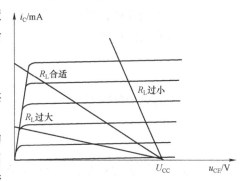

图 8-26　负载大小对静态工作点的影响

而不能反映信号频率较高时极间电容产生的影响。因此，图解分析法一般多适用于分析输出幅值比较大而工作频率不太高时的情况。在实际应用中，图解分析法多用于分析 Q 点位置、最大不失真输出电压和失真情况。

8.3.2　放大器的等效分析法

三极管电路分析的复杂性在于三极管的非线性特性，如果能在一定条件下将三极管的特性线性化，即用线性电路描述其非线性特性，建立线性模型，就可应用线性电路的分析方法分析三极管电路。可将三极管视为一个线性的电流控制电流源（CCCS），代换为一个线性双口网络。需要注意的是，等效是对外不对内的，即等效是针对三极管外部的。

1. 共射 h 参数等效模型

共射放大电路中，在低频小信号作用下，将三极管看成一个线性双口网络，利用网络的 h 参数来表示输入、输出的电压与电流的相互关系，便可得出等效电路，该电路称为**共射 h**

参数等效模型。这个模型是在小信号变化量作用下的等效电路，所以只能用于放大电路低频动态小信号参数的分析。

如图8-27（a）所示为三极管的等效线性双口网络。以U_{be}为输入，以U_{ce}为输出，则网络外部的端电压和电流关系可由三极管的输入特性和输出特性推出。

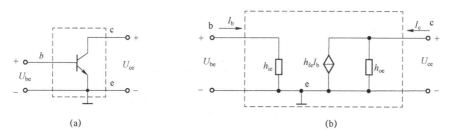

(a)   (b)

图8-27　等效线性双口网络与共射 h 参数等效模型

（a）等效线性双口网络；（b）共射 h 参数等效模型

图8-27（b）所示为共射 h 参数等效模型。其中 h_{ie} 为三极管的等效输入电阻；h_{fe} 是 β；h_{oe} 是输出电导，在实际工程中可忽略不计。

2. 共射放大电路动态参数的分析

利用 h 参数等效模型可以求解放大电路的电压放大倍数、输入电阻和输出电阻。其中放大器的电压放大倍数为

$$A = \frac{U_o}{U_i} \tag{8-7}$$

源电压的放大倍数为

$$A_S = \frac{U_o}{U_S} \tag{8-8}$$

例8-2　图8-28所示为一基本共射放大电路，分析其动态参数（其中输入电阻为 R_i，输出电阻为 R_o，通常在输出端还会连接负载 R_L）。

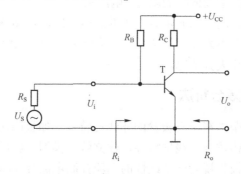

图8-28　基本共射放大电路

解　利用 h 参数等效模型画出交流等效电路，如图8-29所示。

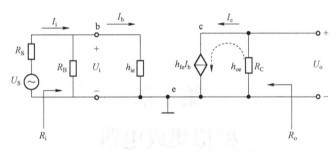

图 8-29 图 8-28 所示电路的交流等效电路

根据交流等效电路求等效输入、输出电阻：

$$R_i = R_B \parallel h_{ie} \qquad\qquad (8-9)$$

$$R_o = R_C \qquad\qquad (8-10)$$

通常情况下，$R_B \gg h_{ie}$，因此，$R_i \approx h_{ie}$。

求输入电压 U_i 和输出电压 U_o：

由 KCL 可知，$I_c = h_{fe}I_b$，U_o 为 R_C 两端的电压，与 I_c 非关联，因此取负号。

$$U_o = -I_c R_C = -h_{fe}I_b R_C \qquad\qquad (8-11)$$

$$U_i = I_b h_{ie} \qquad\qquad (8-12)$$

求电压放大倍数 A：

$$A = \frac{U_o}{U_i} = \frac{-h_{fe}I_b R_C}{I_b h_{ie}} = -\frac{h_{fe}R_C}{h_{ie}} \qquad\qquad (8-13)$$

求源电压放大倍数 A_S。

$$A_S = \frac{U_o}{U_S} = -\frac{h_{fe}I_b R_C}{(R_S + R_i)I_i} \approx -\frac{h_{fe}I_b R_C}{(R_S + h_{ie})I_b} = -\frac{h_{fe}R_C}{R_S + h_{ie}} \qquad\qquad (8-14)$$

在实际工程中，R_S 和 h_{ie} 近似相等，因此源电压放大倍数一般为电压放大倍数的一半。

第 9 章
模拟集成电路

集成电路将电子元件和导线制作在一小片半导体基片上，从而减小了体积和质量，降低了成本，极大地提高了电路的可靠性和稳定性。集成运算放大器作为一种高电压增益、高输入电阻和低输出电阻的多级直接耦合放大器，在线性应用方面，可组成比例、加法、减法、积分、微分等模拟运算电路；在非线性应用方面，可构成电压比较器进而广泛应用于越限报警、模/数转换以及各种非正弦波的产生及变换等场合。本章讨论集成运算放大器的基本概念和部分基本运算电路。

9.1 集成运算放大器

9.1.1 基本概念和要点概述

1. 集成运算放大器的组成及特点

图 9-1 所示为集成运算放大器的内部组成原理。集成运算放大器的类型很多，电路也不一样，但其结构有共同之处，主要由输入级、中间级、输出级组成，一般还有一个偏置电路为各级提供合适的静态工作电流。

图 9-1 集成运算放大器的内部组成原理

其中，输入级对集成运算放大器的性能起着决定性的作用，是提高集成运算放大器质量的关键，要求是输入电阻大、噪声低、零漂小。

中间级的主要作用是提供电压增益，它可由一级或多级放大电路组成。中间级同时还应有较高的输入电阻，以减少对前级的影响，另外还应有较大的电压和电流以推动输出级。

输出级的主要作用是提供足够的输出电压和功率，以满足负载的需要，同时还应具有较低的输出电阻和较高的输入电阻，以将放大级和负载隔离。除此以外，还应有过载保护，以防输出端意外短路或负载取用电流过大而把管子烧坏。普遍采用的电路是射极输出器或由NPN 型三极管和 PNP 型三极管组成的互补对称电路。

2. 集成运算放大器的符号

集成运算放大器又称为集成放大器，简称**集成运放**。国家标准规定的运算放大器的图形符号如图 9-2（b）所示。图中"▷"表示放大器，A 表示开环电压放大倍数。习惯上常用的符号如图 9-2（a）所示。

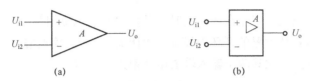

图 9-2　集成运算放大器的符号

（a）常用符号；（b）国际符号

左侧"+"端为同相输入端，当信号由此端与地之间输入时，输出信号与输入信号相位相同。信号的这种输入方式称为**同相输入**。

左侧"−"端为反相输入端，当信号由此端与地之间输入时，输出信号与输入信号相位相反。信号的这种输入方式称为**反相输入**。

反相输入、同相输入和差分输入是集成运算放大器最基本的信号输入方式。本书对差分输入方式不作要求。

9.1.2　集成运算放大器的理想模型

1. 集成运算放大器的理想化条件

集成运算放大器一般具有高增益、高输入阻抗和低输出阻抗的特点。它的开环增益可达几万到几十万，输入阻抗一般也达数百千欧以上。为了分析电路方便，通常将实际的集成运算放大器看成理想运算放大器。所谓理想运算放大器就是将集成运算放大器的各项技术指标理想化，从而得到理想模型，其主要参数如下：

（1）开环电压增益 $A_{\text{ud}} \to \infty$；

（2）开环输入电阻 $R_{\text{id}} \to \infty$；

（3）开环输出电阻 $R_{\text{o}} \to 0$；

（4）开环带宽 BW $\to \infty$；

（5）共模抑制比 $K_{\text{CMR}} \to \infty$；

（6）失调、漂移、内部噪声均不存在。

2. 理想运算放大器的特性

在各种运算放大器应用电路中，运算放大器的工作范围有两种可能，即工作在线性区域或工作在非线性区域。理想运算放大器工作在线性区或非线性区时，表现出不同的特点。

集成运算放大器工作在线性区时，其输出信号和输入信号之间有以下关系成立：

$$u_{\text{o}} = A_{\text{ud}}(u_{+} - u_{-}) \tag{9-1}$$

由于一般集成运算放大器的开环差模增益都很大，因此都要接有深度负反馈，使其净输入电压减小，这样才能使其工作在线性区。理想运算放大器工作在线性区时，有以下两个重要特点：

（1）由于 $A_{\text{ud}} \to \infty$，而输出电压 u_{o} 总为有限值，因此有

$$u_+ - u_- = \frac{u_o}{A_{ud}} = 0$$

即

$$u_+ = u_- \qquad (9\text{-}2)$$

也就是说，集成运算放大器工作在线性区时，其两输入端电位相等，这一特点称为"**虚短**"。

（2）由于集成运算放大器的开环差模输入电阻 $R_{id} \to \infty$，输入偏置电流 $I_B = 0$，不会向外部电路索取任何电流，因此其两个输入端的电流都为零，即

$$i_+ = i_- = 0 \qquad (9\text{-}3)$$

这一特点称为"**虚断**"。

9.2 集成运算放大器的应用

集成运算放大器的应用首先表现在它能够构成各种运算电路。在运算电路中，集成运算放大器必须工作在线性区，在深度负反馈条件下，利用反馈网络能够实现各种数学运算。基本运算电路包括比例运算电路、加/减法运算电路、积分运算电路和微分运算电路等。本书只介绍比例运算电路和加/减法运算电路两种。

9.2.1 比例运算电路

比例运算电路分为同相输入电路和反相输入电路两种。就其反馈类型而言，同相输入属于电压串联负反馈，具有很高的输入电阻；反相输入属于电压并联负反馈，具有很低的输入电阻。同相输入要求集成运算放大器共模抑制比 K_{CMR} 很高，反相输入对集成运算放大器共模抑制比 K_{CMR} 的要求则相对低一些。在实际应用中，可根据需要选择其中一种。

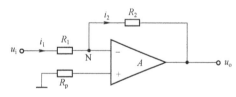

图 9-3 反相比例运算电路

1. 反相比例运算电路

反相比例运算电路如图 9-3 所示。输入信号 u_i 经过电阻 R_1 加在反相输入端，同相输入端经电阻 R_p 接地。R_p 为输入端平衡电阻，应使 $R_p = R_1 \parallel R_2$，以满足当 $u_i = 0$ 和 $u_o = 0$ 时运放两输入端对地的电阻相等。电阻 R_1、R_2 组成反馈网络，该电路属于电压并联负反馈电路。

在反相比例放大电路中，集成运算放大器工作于线性状态，因而 $u_+ = u_-$ 及 $i_+ = i_- = 0$，即 R_p 中无电流，其两端无电压降，故 $u_+ = u_- = 0$。这说明，反相输入端虽未直接接地，但其电位与地相等，因此称它为"**虚地**"。"虚地"是反相比例放大电路的重要特点。

在图 9-3 所示电路中，利用"虚地"概念和节点 N 的电流方程，可得出电路的电流方程：

$$i_1 = \frac{u_i - u_-}{R_1} = \frac{u_i}{R_1} \qquad (9\text{-}4)$$

$$i_2 = \frac{u_- - u_o}{R_2} = -\frac{u_o}{R_2} \qquad (9\text{-}5)$$

利用"虚断"特性，有 $i_- = 0$，则图 9-3 所示电路中反相输入端节点 N 的电流为 $i_1 = i_2$，

即

$$\frac{u_i}{R_1} = -\frac{u_o}{R_2} \tag{9-6}$$

所以有

$$u_o = -\frac{R_2}{R_1} u_i \tag{9-7}$$

经整理得电压放大倍数为

$$A_f = \frac{u_o}{u_i} = -\frac{R_2}{R_1} \tag{9-8}$$

式（9-7）表明，图 9-3 所示电路的输出电压与输入电压成比例关系，调整 R_1 和 R_2 即可改变其比例系数（电压放大倍数），负号表示输出电压与输入电压相位相反（或变化方向相反），因此该电路称为**反相比例运算电路**。

2. 同相比例运算电路

同相比例运算电路如图 9-4 所示。图中，输入电压 u_i 经 R_p 加至集成运算放大器的同相端。R_2 为反馈电阻，输出电压 u_o 经 R_2 及 R_1 组成的分压电路，取 R_1 上的分压作为反馈信号加到集成运算放大器的反相输入端，形成了深度的电压串联负反馈。R_p 为平衡电阻，其值应为 $R_p = R_1 \parallel R_2$。

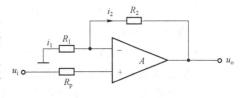

图 9-4　同相比例运算电路

根据"虚短"和"虚断"的特性，有 $u_+ = u_- = u_i$ 和 $i_+ = i_- = 0$，可得图 9-4 所示电路中集成运算放大器反相输入端的电流方程为

$$i_1 = \frac{0 - u_-}{R_1} = i_2 = \frac{u_- - u_o}{R_2} \tag{9-9}$$

由式（9-9）可得

$$u_o = \left(1 + \frac{R_2}{R_1}\right) u_i \tag{9-10}$$

经整理得电压放大倍数为

$$A_f = \frac{u_o}{u_i} = 1 + \frac{R_2}{R_1} \tag{9-11}$$

式（9-10）表明，图 9-4 所示电路的输出电压与输入电压成比例关系，调整 R_1 和 R_2 即可改变其比例系数（电压放大倍数），u_o 为正，表示输出电压与输入电压相位相同（或变化方向相同），因此该电路称为**同相比例运算电路**。由于引入深度电压串联负反馈，电路的输入电阻很高，输出电阻很低。

3. 电压跟随器

由式（9-10）可知，当图 9-4 所示电路中 $R_2 = 0$ 或 $R_1 = \infty$ 时，有

$$u_o = u_i \tag{9-12}$$

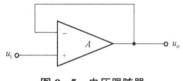

图 9-5 电压跟随器

根据"虚断"特性，由 $i_+ = i_- = 0$ 可知，电阻 R_1、R_2 上均无电压，故 R_1、R_2 也可省去，因此图 9-4 所示电路可变为图 9-5 所示电路。由于图 9-5 所示电路将输出电压 u_o 的全部都反作用到集成运算放大器的反相输入端，因此这是同相输入中负反馈程度最深的一种情况，其比例系数（电压放大倍数）为 1。由于电路中 $u_o = u_i$，即输出电压跟随输入电压一起变化，故称其为**电压跟随器**。

9.2.2 线性运算电路

实现多个信号按一定比例求和或求差的电路称为加法或减法运算电路。若多个信号经过电阻全部作用于集成运算放大器的同一输入端，则组成加法运算电路；若多个信号经过电阻分别作用于集成运算放大器的两个输入端，则组成减法运算电路。

1. 加法运算电路

在图 9-3 所示的反相比例运算电路中再增加几个支路便组成反相加法运算电路，如图 9-6 所示。图

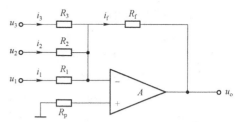

图 9-6 反相加法运算电路

中，有 3 个输入信号加在反相输入端。同相端的平衡电阻值为 $R_p = R_1 \parallel R_2 \parallel R_3 \parallel R_f$。反相加法运算电路也称为**反相加法器**。

根据"虚短"特性，有 $u_+ = u_- = 0$；根据"虚断"特性，有 $i_+ = i_- = 0$，则

$$i_1 + i_2 + i_3 = i_f \tag{9-13}$$

即

$$\frac{u_1}{R_1} + \frac{u_2}{R_2} + \frac{u_3}{R_3} = -\frac{u_o}{R_f} \tag{9-14}$$

整理得

$$u_o = -R_f \left(\frac{u_1}{R_1} + \frac{u_2}{R_2} + \frac{u_3}{R_3} \right) \tag{9-15}$$

当 $R_1 = R_2 = R_3 = R$ 时，上式变为

$$u_o = -\frac{R_f}{R}(u_1 + u_2 + u_3) \tag{9-16}$$

特别地，当 $R = R_f$ 时，

$$u_o = -(u_1 + u_2 + u_3) \tag{9-17}$$

可实现各输入信号的反相直接相加运算。

2. 减法运算电路

减法运算电路是指电路的输出电压与两个输入电压之差成比例，减法运算又称为**差动比例运算**或**差动输入放大**。图 9-7 所示即减法运算电路。

由图 9-7 可见，集成运算放大器的同相输入端和反相输入端分别接输入信号 u_1 和 u_2。从电路结构来看，它由同相比例运算电路和反相比例运算电路组合而成。下面用叠加原理进行分析。

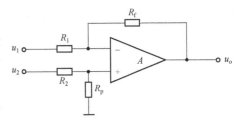

图 9-7　减法运算电路

当 $u_2 = 0$ 且只有 u_1 单独作用时，该电路为反相比例运算电路，其输出电压为

$$u_{o1} = -\frac{R_f}{R_1} u_1 \qquad\qquad (9-18)$$

当 $u_1 = 0$ 且只有 u_2 单独作用时，该电路为同相比例运算电路，其输出电压为

$$u_{o2} = \left(1 + \frac{R_f}{R_1}\right) u_+ = \left(1 + \frac{R_f}{R_1}\right) \frac{R_p}{R_2 + R_p} u_2 \qquad\qquad (9-19)$$

当 u_1、u_2 同时作用时，其输出电压为 u_{o1} 与 u_{o2} 的叠加，即

$$u_o = u_{o1} + u_{o2} = -\frac{R_f}{R_1} u_1 + \left(1 + \frac{R_f}{R_1}\right) \frac{R_p}{R_2 + R_p} u_2 \qquad\qquad (9-20)$$

特别当 $R_1 = R_2$，$R_p = R_f$ 时，

$$u_o = \frac{R_f}{R_1} (u_2 - u_1) \qquad\qquad (9-21)$$

而当 $R_1 = R_f$ 时，

$$u_o = u_2 - u_1 \qquad\qquad (9-22)$$

可见，输出电压与两个输入电压之差成比例，在特殊情况下，比例系数为 $A_f = \dfrac{R_f}{R_1}$，从而实现减法运算。

第四篇　智能感知

第 10 章
Arduino 简 介

10.1 初识 Arduino

Arduino 是一款源自意大利的开放源代码硬件项目平台，该平台是一块 USB 接口 Simple I/O 接口板，并且使用类似 Java、C 语言的集成开发环境（IDE）。

Arduino 的核心是基于 AVR 指令集的单片机，但它简化了单片机工作的流程，对 AVR 库进行了二次编译封装，将复杂的单片机底层代码封装成简单实用的函数，使用者无须关心单片机编程烦琐的细节，如寄存器、地址指针等，从而大大降低了单片机系统开发难度，特别适合老师、学生和业余爱好者使用。

Arduino 系列控制器具有如下特色：

（1）具有开放源代码的电路图设计，程序开发接口免费下载，也可根据需求自行修改。

（2）可以采用 USB 接口供电，也可以外部供电。

（3）支持 ISP 在线烧写，可以将新的 bootloader 固件烧入 Arduino 的 CPU 芯片。有了 bootloader 之后，可以通过 USB 更新程序。

（4）可依据官方提供的 PCB 和 SCH 电路图（Eagle 格式）简化 Arduino 模组，完成独立运作的微处理控制。可简单地与传感器、电子元件等连接，如红外线、光敏电阻、热敏电阻、超声波、舵机等。

（5）支持多种互动程序，如 Flash、Max/Msp、C、Processing 等。

（6）在应用方面，突破了以往只能使用鼠标、键盘、CCD 等输入方式获取互动内容的方式，可以更简单地达成单人或多人游戏互动。

10.2 Arduino 硬件

Arduino 的出现大大降低了互动设计的门槛，越来越多没有学过电子知识的人，如艺术家、设计师等，开始使用 Arduino 制作各种充满创意的作品。为了满足不同应用领域的要求，Arduino 设计了多款不同型号的开发板，如 Arduino Duemilanove、Arduino Nano、Arduino mini、Arduino BT、Arduino Fio、Arduino Uno 等。本书针对后面章节的需要，介绍 Arduino Uno 与 Arduino Mega 2560 两种开发板。

10.2.1　Arduino Uno 开发板

Arduino Uno 具有 14 个数字 I/O 口、6 个模拟 I/O 口、一个复位开关、一个 ICSP 下载口，支持 USB 接口。其中，可通过 USB 接口直接供电，也可以使用单独的 7～12 V 电源供电，具体的资源分配如图 10−1 所示。

Arduino Uno 开发板的各引脚定义如下：

（1）数字引脚：0～13。

（2）串行通信：0 作为 RX，接收数据；1 作为 TX，发送数据。

（3）外部中断：2、3。

（4）PWM 输出：～3、～5、～6、～9、～10、～11。

（5）SPI 通信：10 作为 SS，11 作为 MOSI，12 作为 MISO，13 作为 SCK。

（6）板上 LED：13。

（7）模拟引脚：A0～A5（在引脚号前加 A，以区分数字引脚）。

（8）TWI 通信：A4 作为 SDA，A5 作为 SCL。

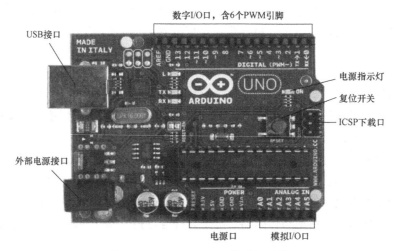

图 10−1　Arduino Uno 的资源分配

10.2.2　Arduino Mega 2560 开发板

与 Arduino Uno 相比，Arduino Mega 2560 增加了更多资源，它具有 54 个数字 I/O 口（其中 14 个可提供 PWM 输出）、16 个模拟 I/O 口、4 对串行数据通信口（Universal Asynchronous Receiver/Transmitter，UART）、一个复位开关、一个 ICSP 下载口，支持 USB 接口和直流电源供电，具体的资源分配如图 10−2 所示。

Arduino Mega 2560 开发板的各引脚定义如下：

（1）数字引脚：0～53。

（2）串行通信：提供 4 对串行数据通信口，0（RX）和 1（TX）作为串口 1，19（RX）和 18（TX）作为串口 2，17（RX）和 16（TX）作为串口 3，15（RX）和 14（TX）作为串口 4。

图 10−2　Arduino Mega 2560 的资源分配

（3）外部中断：提供 6 个外部中断源，分别是 2（外部中断 0）、3（外部中断 1）、21（外部中断 2）、20（外部中断 3）、19（外部中断 4）、18（外部中断 5）。

（4）PWM 输出：0～13。

（5）SPI 通信：53 作为 SS，51 作为 MOSI，50 作为 MISO，52 作为 SCK。

（6）板上 LED：13。

（7）模拟引脚：A0～A15（在引脚号前加 A，以区分数字引脚）。

（8）TWI 通信：20 作为 SDA，21 作为 SCL。

10.3　安装 Arduino Uno 驱动程序

在应用 Arduino 开发环境进行程序设计前，首先要安装 Arduino Uno 开发板的驱动程序。本节介绍 Arduino Uno 驱动程序的常规安装方法。

从官方网站下载驱动程序安装文件，打开解压后的文件，打开"drivers"文件夹，如果计算机是 32 位系统，运行"dpinst−x86.exe"文件，如果计算机是 64 位系统，运行"dpinst−amd64.exe"文件，如图 10−3 所示。在弹出的对话框中单击"下一步"按钮，如图 10−4 所示，即可完成安装，如图 10−5 所示。

计算机 ▸ 本地磁盘 (D:) ▸ arduino-1.0.5-windows ▸ arduino-1.0.5 ▸ drivers		
名称	修改日期	类型
FTDI USB Drivers	2013/5/21 9:45	文件夹
Old_Arduino_Drivers	2013/5/22 13:24	文件夹
arduino.cat	2013/5/17 22:24	安全目录
arduino.inf	2013/5/17 22:24	安装信息
dpinst-amd64.exe	2013/5/17 22:24	应用程序
dpinst-x86.exe	2013/5/17 22:24	应用程序
Old_Arduino_Drivers.zip	2013/5/17 22:24	360压缩 ZIP 文件
README.txt	2013/5/17 22:24	TXT 文件

图 10−3　运行相应 ".exe" 文件

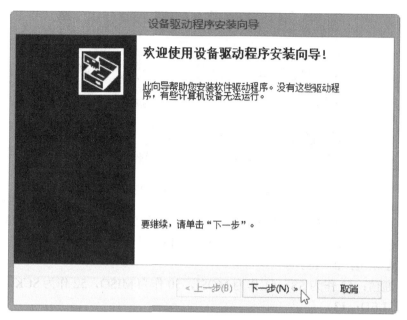

图 10-4　单击"下一步"按钮

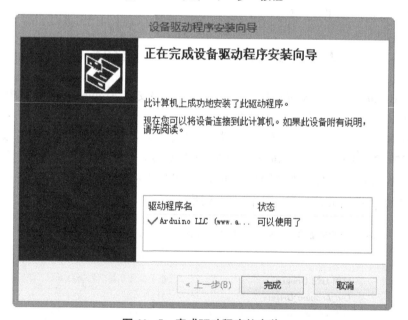

图 10-5　完成驱动程序的安装

10.4　Arduino 开发环境

　　Arduino 开发环境的主界面如图 10-6 所示，除了包含"文件""编辑""项目""工具""帮助"这 5 类菜单外，在菜单栏下方还提供了 5 个常用的快捷菜单按钮，它们依次为校验（Verify）、上传（Upload）、新建（New）、打开（Open）、保存（Save）。

图 10-6　Arduino 开发环境的主界面

这 5 个快捷菜单按钮的具体功能见表 10-1。

表 10-1　Arduino 开发环境的 5 个常用的快捷菜单按钮

	校验（Verify），用于完成程序的检查和编译
	上传（Upload），用于将编译完成后的程序上传到 Arduino 控制板中
	新建（New），用于新建一个 Arduino 程序文件
	打开（Open），用于打开一个后缀名为 ".ino" 的 Arduino 程序文件
	保存（Save），用于保存当前的 Arduino 程序文件

下面以 Arduino Uno 开发板自带的 LED 灯闪烁的例子，来介绍利用 Arduino Uno 进行单片机程序开发的具体流程。

1. 新建文件

单击"新建"按钮后，新建一个空白的 Arduino 程序文件。

2. 串口设置和 Arduino Uno 开发板型号选择

Arduino Uno 开发板驱动程序安装完成后，在"我的电脑"→"设备管理器"中查看连接到电脑的 Arduino Uno 开发板所对应的串口号，如图 10-7 所示，当前 Arduino Uno 开发板对应的串口是 COM3。

> ∨ 🖷 端口 (COM 和 LPT)
> 　　🖷 USB-SERIAL CH340 (COM3)

图 10-7　在"设备管理器"中查看 Arduino Uno 开发板对应的串口号

在"工具"下拉菜单中选择"端口："COM3""选项，如图 10-8 所示，即完成当前设备的串口配置。

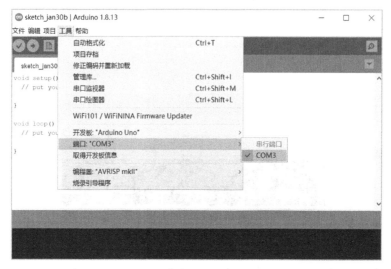

图 10-8　在 Arduino 开发环境选择 Arduino Uno 开发板对应的串口号

单击"工具"→"开发板："Arduino Uno""选项，在其下拉菜单中选择"Arduino Uno"选项，如图 10-9 所示，即完成当前开发板的型号选择。

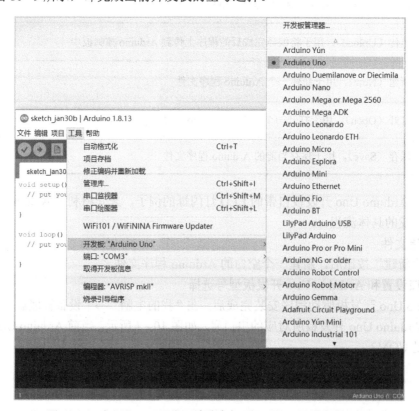

图 10-9　在 Arduino 开发环境选中 Arduino Uno 开发板的型号

3. 程序设计

在 Arduino 开发环境的程序编辑区中输入程序代码，如图 10-10 所示。

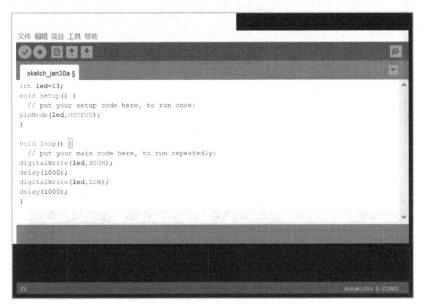

图 10-10 *在 Arduino 开发环境的程序编辑区中输入程序代码*

从图 10-10 可知，Arduino Uno 开发板上 LED 的引脚是 13，则编写使该 LED 循环点亮-熄灭 1 s 的程序如下：

```
int led = 13;
void setup()
{
  pinMode(led, OUTPUT);
}
void loop()
{
  digitalWrite(led, HIGH);      // LED 引脚置高电平
  delay(1 000);                 // 延时 1 s
  digitalWrite(led, LOW);       // LED 引脚置低电平
  delay(1 000);                 // 延时 1 s
}
```

4. 程序保存

程序输入完成后，在 Arduino 开发环境中选择"文件"→"保存"命令，在当前路径保存文件，或选择"文件"→"另存为"命令将该文件另存在其他路径。

5. 程序编译

单击"校验"按钮实现当前程序的编译，完成编译工作后，Arduino 开发环境的状态栏会提示"编译完成"，同时信息提示栏会显示该程序编译后的大小，如图 10-11 所示。

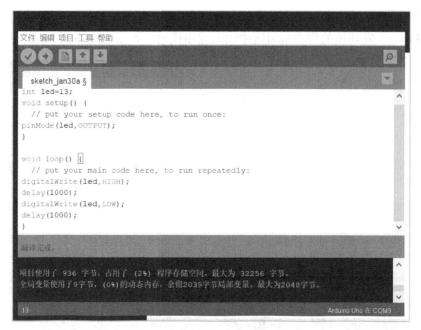

图 10-11　对 Arduino 程序进行编译

6. 程序上传

单击"上传"按钮将编译成功的程序上传到 Arduino Uno 开发板，在程序上传过程中，控制板的串口指示灯（RX 和 TX）会不停闪烁。程序上传完成后，Arduino 开发环境的状态栏会提示"上传完成"，同时 Arduino Uno 开发板上的 LED 灯会不停闪烁。

到此为止，通过一个简单的例子，读者已经了解 Arduino 的使用方法。

第11章
Arduino 的常用函数

Arduino 提供大量基础函数，包括 I/O 控制函数、时间函数、中断函数、数学函数、串口通信函数等，使用者可以方便地对开发板上的资源进行控制。另外，Arduino 还提供了相关示例程序，可以在 Arduino 开发环境的"文件"→"示例"菜单中找到。本章介绍 Arduino 提供的常用基础函数。

11.1　模拟 I/O 口的操作函数

11.1.1　analogReference（type）

analogReference 函数的作用是配置模拟输入引脚的基准电压（即输入范围的最大值），它是一个无返回值函数，只有一个参数 type。type 的选项有 DEFAULT、INTERNAL、INTERNAL1V1、INTERNAL2V56、EXTERNAL，其具体含义如下：

（1）DEFAULT：默认 5 V 或 3.3 V 为基准电压（以 Arduino 开发板的电压为准）。

（2）INTERNAL：低电压模式，使用片内基准电压源（Arduino Mega 无此选项）。

（3）INTERNAL1V1：低电压模式，以 1.1 V 为基准电压（此选项仅针对 Arduino Mega）。

（4）INTERNAL2V56：低电压模式，以 2.56 V 为基准电压（此选项仅针对 Arduino Mega）。

（5）EXTERNAL：扩展模式，以 AREF 引脚（0～5 V）的电压作为基准电压，其中 AREF 引脚的位置如图 11-1 所示。

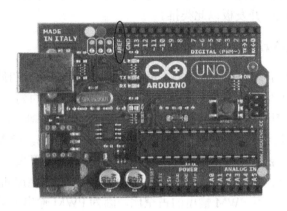

图 11-1　AREF 引脚的位置

设置模拟输入引脚的基准电压为默认值的语句如下：

```
analogReference (DEFAULT);
```

注意：使用 AREF 引脚上的电压作为基准电压时，需接一个 5 kΩ 的上拉电阻，以实现外部和内部基准电压之间的切换。但总阻值会发生变化，因为 AREF 引脚内部有一个 32 kΩ 电阻，接上拉电阻后会产生分压作用，因此，最终 AREF 引脚上的电压为 $\frac{32}{32+5}V_{aref}$，V_{aref} 为 AREF 引脚的输入电压。

11.1.2　analogRead（pin）

analogRead 函数的作用是从指定的模拟引脚读取值，读取周期为 100 μs，即最大读取速度可达每秒 10 000 次。参数 pin 表示读取的模拟输入引脚号，返回值为 int 型（范围为 0～1 023）。

Arduino Uno 主板有 6 个通道（Arduino Mega 有 16 个）10 位模/数（A/D）转换器，即精度为 10 位，返回值是 0～1 023。也就是说输入电压为 5 V 时读取精度为 5 V/1 024 个单位，约等于每个单位 0.049 V（4.9 mV）。输入范围和进度可通过 analogReference 函数进行修改。

如输入电压为 a，那么获取模拟输入引脚 4 的电压值的示例程序代码如下：

```
int potPin = 4;
int value = 0;
void setup()
{
  Serial.begin(9 600);
}
void loop()
{
  value = analogRead(potPin) *a*1 000/1 023;    // 输入电压是 a
  Serial.println(value);                        // 输出电压值的单位为 mV
}
```

注意：对 Arduino Uno 而言，函数参数的 pin 范围是 0～5，对应开发板上的模拟口为 A0～A5。其他型号的 Arduino 开发板以此类推。

11.1.3　analogWrite（pin，value）

analogWrite 函数的作用是通过 PWM 的方式将模拟值输出到引脚，即调用 analogWrite 函数后，相应引脚将产生一个指定占空比的稳定方波（频率大约为 490 Hz），直到下一次调用该函数。该函数可应用在 LED 灯亮度调节、电动机速度控制等方面。

analogWrite 函数是无返回值函数，有两个参数 pin 和 value。参数 pin 表示将输出 PWM 的引脚，这里只能选择函数支持的引脚。对于大多数 Arduino 开发板（板载 ATmega168 或 ATmega328），这个函数支持引脚 3、5、6、9、10 和 11，对于 ArduinoMega，它适用于 2～13 号引脚。参数 value 表示 PWM 输出的占空比，因为 PWM 输出位数为 8，所以其范围为 0（常闭）～255（常开），对应占空比为 0～100%。带 PWM 功能的引脚均标有波浪号"～"。

从引脚 9 输出 PWM 的示例程序代码如下：

```
int sensor=A0;
int LED=9;
int value;
void setup()
{
    Serial.begin(9 600);
}
void loop()
{
    value =analogRead(sensor);
    Serial.println(value,DEC);    // 可以观察读取的模拟量
    analogWrite(LED, value /4); // 读回的值范围是 0～1 023,结果除以 4 才能得到 0～255
的区间值
}
```

注意：引脚 5 和 6 的 PWM 输出将产生高于预期的占空比。这是因为 millis 和 delay 函数共享同一个内部计时器，使内部计时器在处理 PWM 输出时分心。这种情况一般出现在低占空比设置，如 0～10 的情况下。还有些情况是占空比为 0 时，引脚 5 和 6 并没有关闭输出。

11.2　数字 I/O 口的操作函数

11.2.1　pinMode（pin，mode）

pinMode 函数用于配置引脚为输入或输出模式，它是一个无返回值函数，一般放在 setup 里，先设置再使用。

pinMode 函数有两个参数——pin 和 mode。pin 参数表示要配置的引脚，以 Arduino Uno 为例，它的范围是数字引脚 0～13，也可以把模拟引脚（A0～A5）作为数字引脚使用，此时编号为 14（对应模拟引脚 0）到 19（对应模拟引脚 5）。mode 参数表示设置的模式——INPUT（输入）或 OUTPUT（输出），其中 INPUT 用于读取信号，OUTPUT 用于输出控制信号。

配置数字引脚 8 为输出模式的语句如下：

```
pinMode(8, OUTPUT);
```

11.2.2　digitalWrite（pin，value）

digitalWrite 函数的作用是设置引脚的输出电压为高电平或低电平，它也是一个无返回值函数，在使用该函数设置引脚之前，需要先用 pinMode 函数将引脚设置为 OUTPUT 模式。

digitalWrite 函数有两个参数——pin 和 value。pin 参数表示所要设置的引脚，value 参数表示输出的电压——HIGH（高电平）或 LOW（低电平）。

配置数字引脚 8 的输出电平为高电平的语句如下：

```
pinMode(8, OUTPUT);
```

```
digitalWrite(8, HIGH);
```

11.2.3 digitalRead（pin）

digitalRead 函数的作用是获取引脚的电压情况，该函数返回值为 int 型——HIGH（高电平）或者 LOW（低电平）。在使用该函数设置引脚之前，需要先用 pinMode 函数将引脚设置为 INPUT 模式。

digitalRead 函数只有一个参数——pin，它表示所要获取电压情况的引脚号，如果引脚没有连接到任何地方，那么将随机返回 HIGH（高电平）或者 LOW（低电平）。

获取数字引脚 8 的电压情况的语句如下：

```
pinMode(8, INPUT);
digitalRead(8);
```

11.3　高级 I/O 函数

11.3.1 pulseIn（pin，state，timeout）

pulseIn 函数用于读取指定引脚的脉冲持续的时间长度，该函数返回值类型为无符号长整型（unsigned long），单位为 ms，如果超时没有读到，则返回 0。

pulseIn 函数包含 3 个参数——pin、state、timeout。参数 pin 代表脉冲输入的引脚；参数 state 代表脉冲响应的状态，脉冲可以是 HIGH 或者 LOW，如果是 HIGH，则 pulseIn 函数先等引脚变为高电平，然后开始计时，一直到引脚变为低电平；参数 timeout 代表超时时间。

做一个按钮脉冲计时器，测一下按钮的时间，看谁的反应快，即看谁能按出最短的时间，其中按钮接引脚 4。示例程序代码如下：

```
int button=4;
int count;
void setup()
{
  pinMode(button,INPUT);
}
void loop()
{
  count=pulseIn(button,HIGH);
  if(count!=0)
    {
        Serial.println(count,DEC);
        count=0;
    }
}
```

11.3.2　shiftOut（dataPin，clockPin，bitOrder，val）

shiftOut 函数的作用是将一个数据的一个字节逐位移出，它是一个无返回值函数。从最高有效位（最左边）或最低有效位（最右边）开始，依次向数据脚写入每一位，之后时钟脚被拉高或拉低，指示刚才的数据有效。

shiftOut 函数包括 4 个参数——dataPin、clockPin、bitOrder、val，其具体含义如下：

（1）dataPin：输出每一位数据的引脚，引脚需配置成输出模式。

（2）clockPin：时钟脚，当 dataPin 有数据时，此引脚电平会发生变化，需配置成输出模式。

（3）bitOrder：输出位的顺序，有最高位优先（MSBFIRST）和最低位优先（LSBFIRST）两种方式。

（4）val：所要输出的数据值，该数据值将以 byte 形式输出。

从相应引脚输出"12345"的示例程序代码如下（其中 dataPin 接引脚 7，clockPin 接引脚10，按最低位优先输出方式）：

```
int dataPin = 7;
int clockPin = 10;
int data = 12345;
void setup()
{
  pinMode(dataPin, OUTPUT);                          // 设置引脚为输出
  pinMode(clockPin, OUTPUT);                         // 设置引脚为输出
}
void loop()
{
  shiftOut(dataPin,clockPin,LSBFIRST,data);          // 移位输出低字节
  shiftOut(dataPin,clockPin,LSBFIRST,data>>8);       // 移位输出高字节
}
```

注意：shiftOut 函数目前只能输出 1 个字节（8 位），所以若输出值大于 255 需分两步。

11.4　时　间　函　数

11.4.1　delay（ms）

delay 函数是一个延时函数，它是一个无返回值函数，参数是延时的时长，单位是 ms（毫秒）。

跑马灯的程序往往需用到 delay 函数，具体示例程序代码如下：

```
void setup()
{
  pinMode(6,OUTPUT);                    // 定义为输出
```

```
  pinMode(7,OUTPUT);
  pinMode(8,OUTPUT);
  pinMode(9,OUTPUT);
}
void loop()
{
  int i;
  for(i=6;i<=9;i++)                      // 依次循环 4 盏灯
    {
      digitalWrite(i,HIGH);              // 点亮 LED 灯
      delay(1 000);                      // 持续 1 s
      digitalWrite(i,LOW);               // 熄灭 LED 灯
      delay(1 000);                      // 持续 1 s
    }
}
```

11.4.2   delayMicroseconds（μs）

delayMicroseconds 函数也是延时函数，可以产生更短的延时，参数是延时的时长，单位是 μs（微秒），其中 1 s=1 000 ms=1 000 000 μs。

在 delay(ms)的跑马灯程序中,延时程序 delay(1 000)（延时 1 s)可以用 delayMicroseconds（1 000 000）来代替。

11.4.3   millis()

millis 函数用于获取单片机通电到现在运行的时间长度，单位是 ms（毫秒），该函数返回值类型为无符号长整型（unsigned long）。系统最长的记录时间为 9 h22 min，如果超出将从 0 开始。

millis 是一个无参数函数,适合作为定时器使用,不影响单片机的其他工作,而使用 delay 函数期间无法做其他工作。

延时 10 s 后自动点亮接到引脚 13 的 LED 灯的示例程序代码如下：

```
int LED=13;
unsigned long i,j;
void setup()
{
  pinMode(LED,OUTPUT);
  i=millis();                     // 读入初始值
}
void loop()
{
  j=millis();                     // 不断读入当前时间值
```

```
    if((j-i)>10 000)        // 如果延时超过 10 s，点亮 LED 灯
        digitalWrite(LED,HIGH);
    else
        digitalWrite(LED,LOW);
}
```

11.4.4　micros()

micros 函数用于返回开机到现在运行的微秒值，该函数返回值类型为无符号长整型（unsigned long），70 min 将溢出。

显示当前的微秒值的示例程序代码如下：

```
unsigned long time;
void setup()
{
    Serial.begin(9 600);
}
void loop()
{
    Serial.print("Time: ");
    time = micros();          // 读取当前的微秒值
    Serial.println(time);     // 打印机开机到目前运行的微秒值
    delay(1 000);             // 延时 1 s
}
```

11.5　中　断　函　数

单片机的中断可概述为：由于某一随机事件的发生，单片机暂停原程序的运行，转去执行另一程序（随机事件），处理完毕后又自动返回原程序继续运行，其发生过程如图 11-2 所示，其中中断源、主程序、中断服务程序简述如下。

（1）中断源：引起中断的原因，或能发生中断申请的来源。

（2）主程序：单片机现在运行的程序。

（3）中断服务程序：处理中断事件的程序。

11.5.1　interrupts()和 noInterrupts()

在 Arduino 中，interrupts 函数与 noInterrupts 函数分别负责打开与关闭总中断，这两个函数均为无返回值函数，无参数。

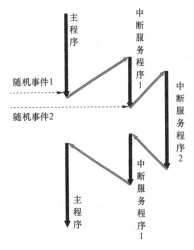

图 11-2　中断发生过程

11.5.2　attachInterrupt（interrput，function，mode）

attachInterrupt 函数用于设置外部中断，有 3 个参数，分别表示中断源、中断处理函数和触发模式，它们的具体含义如下。

（1）中断源：可选 0 或者 1，对应 2 号或者 3 号数字引脚。

（2）中断处理函数：指定中断的处理函数，是一段子程序，当中断发生时执行该子程序部分，其中参数值为函数的指针。

（3）触发模式：有 4 种类型——LOW（低电平触发）、CHANGE（变化时触发）、RISING（低电平变为高电平时触发）、FALLING（高电平变为低电平时触发）。

数字引脚 D2 口接按钮开关，D4 口接 LED1（红色），D5 口接 LED2（绿色），LED3 为板载 LED 灯，每秒闪烁一次。使用中断 0 控制 LED1，使用中断 1 控制 LED2。按下按钮，马上响应中断，由于中断响应速度快，LED3 不受影响，继续闪烁。该示例的程序代码如下：

```
volatile int state1=LOW,state2=LOW;
int LED1=4;
int LED2=5;
int LED3=13;                                    // 使用板载 LED 灯
void setup()
{
  pinMode(LED1,OUTPUT);
  pinMode(LED2,OUTPUT);
  pinMode(LED3,OUTPUT);
  attachInterrupt(0,LED1_Change,LOW);          // 低电平触发
  attachInterrupt(1,LED2_Change,CHANGE);       // 任意电平变化触发
}
void loop()
{
  digitalWrite(LED3,HIGH);
  delay(500);
  digitalWrite(LED3,LOW);
  delay(500);
}
void LED1_Change()
{
  state1=!state1;
  digitalWrite(LED1,state1);
  delay(100);
}
void LED2_Change()
```

```
{
  state2=!state2;
  digitalWrite(LED2,state2);
  delay(100);
  }
```

11.5.3　detachInterrupt（interrput）

detachInterrupt 函数用于取消中断，参数 interrupt 表示所要取消的中断源。

11.6　串口通信函数

Arduino 的串口通信是通过在头文件 "HardwareSerial.h" 中定义一个 HardwareSerial 类的对象 serial，然后直接使用类的成员函数来实现的。

11.6.1　Serial.begin()

Serial.begin 函数用于设置串口的波特率，波特率是指每秒传输的比特数，其除以 8 可得到每秒传输的字节数。波特率一般有 9 600 bit/s、19 200 bit/s、57 600 bit/s、115 200 bit/s 等。

11.6.2　Serial.available()

Serial.available 函数用来判断串口是否收到数据，该函数返回值为 int 型，不带参数。

11.6.3　Serial.read()

Serial.read 函数用于将串口数据读入，该函数返回值为 int 型，不带参数。

11.6.4　Serial.print()

Serial.print 函数用于从串口输出数据，数据可以是变量，也可以是字符串。

11.6.5　Serial.printIn()

Serial.printIn 函数的功能与 Serial.print 函数类似，都是从串口输出数据，只是 Serial.printIn 函数多了回车换行功能。

从串口输出 "I have received!" 字符的示例程序代码如下：

```
int x=0;
void setup()
{
  Serial.begin(9 600);                    // 波特率为 9 600 bit/s
}
void loop()
{
  if(Serial.available())
```

```
  {
    x=Serial.read();
    Serial.print("I have received!");
    Serial.printIn(x,DEC);                // 输出并换行
  }
  delay(200);
}
```

第 12 章
常见传感器及应用

12.1 认识传感器

12.1.1 传感器的组成

传感器一般由 3 部分组成——敏感元件、转换元件、转换电路，如图 12-1 所示。每一部分的功能如下：

（1）敏感元件：直接感受被测量，并输出与被测量有确定关系的某一物理量。

（2）转换元件：负责把敏感元件输出转换为电路参数。

（3）转换电路：把转换元件输出的电路参数转换为电量输出。

图 12-1 传感器的组成

其中，能把非电信息转换成电信号的转换元件是传感器的核心。敏感元件传感器使用敏感元件（如弹性元件）预先将被测非电量变换为另一种易于变换成电量的非电量，然后再变换为电量。因此，并非所有传感器都包含这两部分，对于物性型传感器，一般只有转换元件；而结构型传感器就包括敏感元件和转换元件两部分。

转换电路是将转换元件输出的电量变成便于显示、记录、控制和处理的有用电信号的电路。传感器的转换电路经常采用电桥电路、高阻抗输入电路、脉冲调宽电路、振荡电路等特殊电路。

12.1.2 传感器的分类

传感器可以分为多种类型。按基本效应分为物理型、化学型、生物型等；按构成原理分为结构型、物性型；按测量原理分为应变式、电容式、压电式、热电式等；按能量关系分为能量转换型（自源型）、能量控制型（外源型）；按输入量分为超声波、颜色、水位、红外、位移、温度、压力、流量、加速度等；按输出量分为模拟式、数字式。

传感器，作为智能感知系统的首要环节，必须具有快速、准确、可靠、经济地实现信息转换的功能。其基本要求如下：

（1）具有足够的容量，即工作范围或量程足够大，有一定的过载能力。

（2）与测量或智能系统匹配性好，转换灵敏度高。

（3）精度适当，且稳定性高。

（4）反应速度快，工作可靠性高。

（5）适用性和适应性强，对被测对象的状态影响小，不易受外界干扰的影响，使用安全。

（6）使用经济，成本低，寿命长，且易于使用、维修和校准。

本章介绍超声波传感器、光敏传感器、水位传感器、振动传感器等常见传感器的原理及应用。

12.2　超声波传感器

12.2.1　超声波传感器的工作原理

1. 超声波传感器的组成

超声波传感器是一种仿生学传感器。超声波传感器的组成如图 12-2 所示，包括敏感元件、转换元件、转换电路。

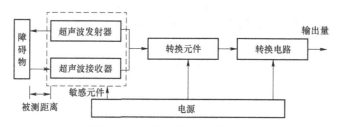

图 12-2　超声波传感器的组成

其中敏感元件部分由超声波发射器和超声波接收器组成，其核心是压电晶片，如图 12-3 所示，超声波发射器和超声波接收器各有一个，利用压电效应进行电能和机械能的相互转换，如图 12-4 所示。在超声波发射器的压电晶片两端施加变化的电压，由于逆压电效应的作用，压电晶片随电压的变化而伸长或者压缩，将电能转换为机械能发送出超声波。反之，超声波接收器利用的是压电效应，接收到的超声波引起压电晶片的长短变化，从而将机械能转化为电能。

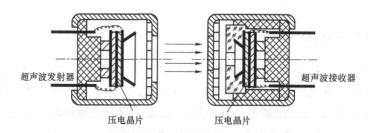

图 12-3　超声波传感器敏感元件的核心——压电晶片

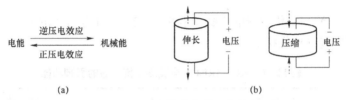

(a)   (b)

图 12-4 压电效应和逆压电效应

2. 超声波测距的原理

超声波测距的原理是通过测量超声波在发射后遇到障碍物反射回来的时间差，从而计算出发射点到障碍物的实际距离。

测距的公式为

$$L = \frac{V \times (T_2 - T_1)}{2}$$

式中，L 为测量的距离长度；V 为超声波在空气中的传播速度（在 20 ℃时为 344 m/s）；T_1 为超声波发射的起始时间；T_2 为收到回波的时间。速度乘以时间差等于来回的距离，除以 2 可以得到实际被测距离。

超声波测距主要应用于智能车测距避障、汽车倒车提醒、建筑工地及工业现场等的距离测量，虽然超声波测距量程能达到百米，但测量的精度往往只能达到厘米级。

当要求超声波测距精度达到 1 mm 时，就必须把超声波传播的环境温度考虑进去，进行温度补偿。例如：当温度为 0 ℃时，超声波速度是 332 m/s；当温度为 30 ℃时，超声波速度是 350 m/s，温度变化引起的超声波速度变化为 18 m/s。若超声波在 30 ℃的环境下以 0 ℃环境下的声速测量 100 m 距离所引起的测量误差将达到 5 m，测量 1 m 距离所引起的测量误差将达到 5 mm。

3. HC-SR04 超声波测距传感器

超声波测距传感器的种类很多，有的模块带有串口或 I²C 输出，能直接输出距离值，一些模块还带有温度补偿功能。本书选用 HC-SR04 超声波测距传感器，如图 12-5 所示，该传感器包括超声波发送器、超声波接收器和相应的控制电路。该传感器能提供 2～450 cm 非接触式检测距离，测距的精度可达 3 mm，能很好地满足实验要求。

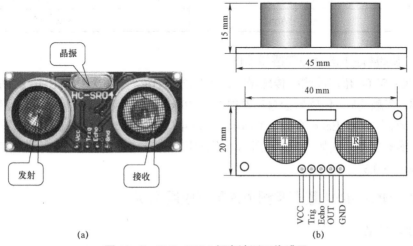

(a)

图 12-5 HC-SR04 超声波测距传感器

（a）实物图；（b）示意图

HC-SR04 超声波测距传感器的引脚功能见表 12-1。Trig 引脚能控制超声波发送器发送超声波，Echo 引脚连接接收探头。

表 12-1 HC-SR04 超声波测距传感器的引脚功能

序号	引脚	功能说明
1	VCC	输入 5 V
2	GND	接地
3	Trig	触发控制信号输入
4	Echo	回响信号输入

4. HC-SR04 超声波测距传感器的规格参数

HC-SR04 超声波测距传感器的规格参数见表 12-2。

表 12-2 HC-SR04 超声波测距传感器的规格技术参数

序号	规格参数	参数要求
1	使用电压/V	直流 5
2	静态电流/mA	小于 2
3	电平输出/V	高电平 5，低电平 0
4	感应角度/（°）	不大于 15
5	探测距离/cm	2～450（高精度可达 3 mm）
6	接线方式端口	VCC（电源）、Trig（控制端）、Echo（接收端）、GND（地）
7	工作频率/kHz	40
8	输入触发控制信号	10 μs 的 TTL 脉冲
9	输出回响信号	输出 TTL 电平信号，与被测距离成比例关系
10	规格尺寸/mm	45×20×15

5. HC-SR04 超声波测距传感器工作流程

使用 HC-SR04 超声波测距传感器时，首先拉低 Trig，然后至少给 10 μs 的高电平信号来触发传感器；在触发后，传感器会自动发射 8 个 40 kHz 的方波，并自动检测是否有信号返回；如果有信号返回，通过 Echo 输出一个高电平，高电平持续的时间便是超声波从发射到接收的时间，该传感器的波形图如图 12-6 所示。测试距离的计算公式为：测试距离=高电平持续时间×340（m/s）×0.5。

12.2.2 HC-SR04 超声波测距传感器应用示例

1. 搭建硬件电路

实验材料：Arduino UNO 开发板 1 个、HC-SR04 超声波测距传感器 1 个、面包板、电阻、LED 灯、导线若干、万用表，如图 12-7 所示。

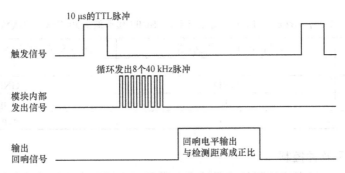

图 12-6 HC-SR04 超声波测距传感器的波形图

图 12-7 实验材料

实验电路图如图 12-8 所示，按图搭建硬件电路。

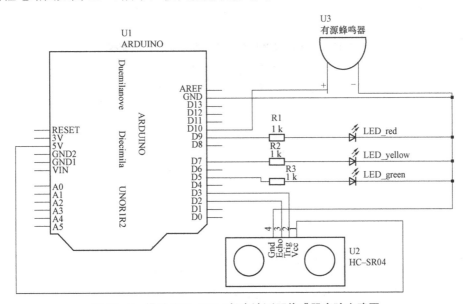

图 12-8 设计 HC-SR04 超声波测距传感器实验电路图

Arduino Uno 开发板与 HC-SR04 超声波测距传感器接线说明见表 12-3。

表 12-3　Arduino Uno 开发板与 HC-SR04 超声波测距传感器接线说明

序号	Arduino Uno 开发板引脚	HC-SR04 超声波测距传感器引脚
1	5 V	5 V
2	GND	GND
3	D2	Trig
4	D3	Echo

2. 程序设计和软件控制

根据 HC-SR04 超声波测距传感器技术参数和工作流程合理设计流程图，如图 12-9 所示，编写软件控制程序，如图 12-10 所示，注意编程时输出、输入口要与实际硬件电路一致，以免出错。

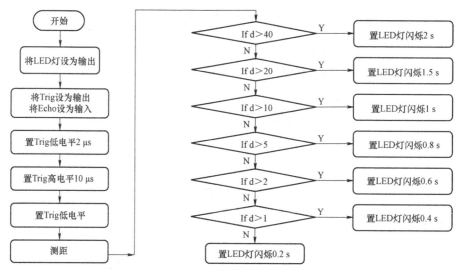

图 12-9　HC-SR04 超声波测距传感器实验流程

图 12-10　编写软件控制程序

12.3　光敏传感器

12.3.1　光敏传感器的工作原理

光敏传感器实质是一个光敏电阻，其阻值会随光线强度的变化而变化，并且当光照强烈时其阻值变小；光照减弱时，其阻值增大；完全遮挡光线时，其阻值最大。简单地说，光敏传感器就是利用光敏电阻受光线强度影响而阻值发生变化的原理向微控制器（如单片机）发送光线强度的模拟信号。光敏传感器如图 12-11 所示，对应的示例电路如图 12-12 所示。

图 12-11　光敏传感器

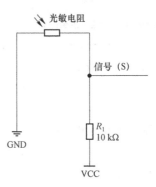

图 12-12　光敏传感器示例电路

12.3.2　光敏传感器应用示例

实验材料：Arduino Uno 开发板 1 个、光敏传感器 1 个、面包板、1~10 kΩ 的电阻 1 个、导线若干、万用表。实验电路图如图 12-13 所示，按图搭建硬件电路。

图 12-13　光敏传感器应用示例

示例程序代码如下：

```
#define AD5 A5    //定义模拟口 A5
int Intensity = 0;//光照度数值
void setup()  //程序初始化
{
  Serial.begin(9 600);//设置波特率为9 600 bit/s
}
void loop()//程序主体循环
{
  Intensity = analogRead(AD5);   //读取模拟口 AD5 的值，存入 Intensity 变量
  Serial.print("Intensity = ");  //串口输出"Intensity = "
  Serial.println(Intensity);     //串口输出 Intensity 变量的值，并换行
  delay(500);                    //延时 500 ms
}
```

用手电筒照射光敏传感器，程序运行结果如图 12-14 所示。

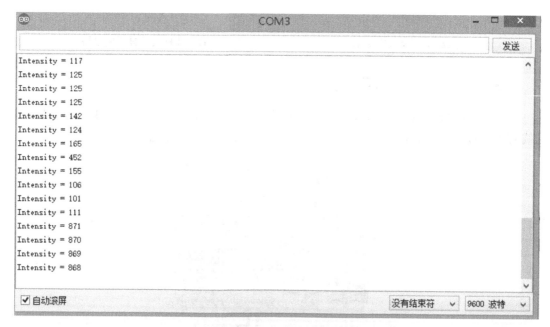

图 12-14 光敏传感器的采样结果

如图 12-14 所示，当光照强烈时，阻值变小；光照减弱时，阻值增大。由于 AVR 单片机有 10 位的采样精度，其输出范围为 0～1 023，从图中可以发现，当有光照时，输出值小，相当于开关导通，而没有光照时则输出值大，相当于开关断开，现实生活中的自动冲水器、路灯控制等正是利用了光敏传感器的这一特性。

12.4　水位传感器

12.4.1　水位传感器的工作原理

水位的检测方式有很多种，非接触式的有超声波传感器，接触式的有伺服式液位传感器和静压式液位传感器，它们的精度、性能各有优劣，适用于各种不同的场合。本书介绍一种简单易用的水位传感器。该传感器如图 12-15 所示，其工作原理是通过电路板上一系列暴露的印刷平行导线测量水量的大小。水量越大，被连通的导线越多，随着导电的接触面积增大，输出的电压逐步上升。该传感器的检测面积为 40 mm×16 mm，除了可以检测 4 cm 的水位高度外，还可以检测雨滴雨量的大小。

图 12-15　水位传感器

水位传感器的规格参数见表 12-4。

表 12-4　水位传感器的规格参数

序号	技术参数	参数要求
1	工作电压/V	直流 3～5
2	工作电流/mA	小于 20
3	传感器类型	模拟
4	检测面积/mm	40×16（最深只能测 4 cm）
5	制作工艺	FR4 双面喷锡
6	工作温度/℃	10～30
7	工作湿度/%	10～90，无凝结
8	模块质量/g	3.5
9	规格尺寸/mm	62×20×8

12.4.2　水位传感器应用示例

水位传感器共引出 3 个引脚，分别为数据线 S、地线 GND 和电源 VCC。在实际应用时，将 S 端连接在 Arduino Uno 开发板的模拟 A0 端口上，实验接线情况见表 12-5。通过读取 A/D 值，可以获得水位的高度数据。

表 12-5　Arduino Uno 开发板与水位传感器接线说明

序号	Arduino Uno 开发板引脚	水位传感器引脚
1	5 V	VCC
2	GND	GND
3	A0	S

示例程序代码如下：

```
int led = 13;                       // 定义 LED 灯接口
int val = 0;                        // 定义变量 val，初值为 0
int data = 0;                       // 定义变量 data，初值为 0
void setup()
{
  pinMode(led, OUTPUT);             // 定义 LED 灯为输出接口
  Serial.begin(9 600);              // 设置波特率为 9 600
}
void loop()
{
  val = analogRead(A0);             // 读取水位传感器模拟值赋给变量 val
  if(val>700)
  {                                 // 判断变量 val 是否大于 700
    digitalWrite(led,HIGH);         // 变量 val 大于 700 时，点亮 LED 灯
  }
  else
  {
    digitalWrite(led,LOW);          // 变量 val 小于 700 时，熄灭 LED 灯
  }
  data = val;                       // 将变量 val 赋值给变量 data
  Serial.println(data);             // 串口打印变量 data
  delay(100);
}
```

12.5　振动传感器

12.5.1　振动传感器的工作原理

振动传感器是一种能感应振动力大小，同时将感应结果传递到电路装置，并使电路启动工作的电子开关。其因灵活且灵敏的触发性而被广泛应用于电子玩具、小家电、运动器材以及各类防盗器等产品中。振动传感器可分为弹簧开关与滚珠开关两大类，其中弹簧开关模块如图 12-16 所示，对应的电路原理如图 12-17 所示。弹簧开关的导电振动弹簧、定触点被精确安放在开关本体内，并通过胶粘剂粘接固化定位，在平时不受振动时弹簧与定触点不导通，当受到振动后，弹簧抖动，弹簧末端的动触点与定触点快速接通，从而使电路导通。

弹簧开关一般用于感应振动力或离心力的大小，在实际应用中最好直立安装。

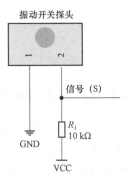

图 12-16　弹簧开关模块　　　　图 12-17　弹簧开关模块电路原理

12.5.2　振动传感器应用示例

如图 12-16 所示,振动传感器模块共引出 3 个引脚,从上到下分别是数据线 S、电源 VCC 和地线 GND。实际应用时,将 S 端接在 Arduino Uno 开发板的一个数字引脚上,如引脚 D5,接线情况见表 12-6,同时利用数字引脚 13 自带的 LED 灯,当振动传感器检测到有振动信号时,LED 灯亮,反之 LED 灯灭。

表 12-6　Arduino Uno 开发板与振动传感器接线说明

序号	Arduino Uno 开发板引脚	振动传感器引脚
1	D5	S
2	5 V	VCC
3	GND	GND

示例程序代码如下:

```
int Led=13;                    // 定义 LED 灯接口
int Shock=5                    // 定义振动传感器接口
int val;
void setup()
{
  pinMode(Led,OUTPUT);         // 定义 LED 灯为输出接口
  pinMode(Shock,INPUT);        // 定义振动传感器为输出接口
}
void loop()
{
  val=digitalRead(Shock);      // 读取数字引脚 D5 的值并赋给 val
  if(val==HIGH)                // 当振动传感器检测有信号时,LED 灯亮
    digitalWrite(Led,LOW);
  else
    digitalWrite(Led,HIGH);
}
```

12.6 触摸传感器

12.6.1 TTP223 触摸传感器的工作原理

触摸传感器是一种捕获和记录物理触摸或拥抱的器件。触摸传感器主要在发生物理接触时起作用，比按钮开关更敏感，并且能够响应不同类型的触摸，例如敲击、滑动和挤压等。触摸传感器常见于消费者技术设备，如智能手机、电脑等。

图 12-18　TTP223 触摸传感器

1. TTP223 触摸传感器的特点

TTP223 触摸传感器是一个基于触摸检测的电容式点动型触摸开关模块。它在常态下输出低电平，模式为低功率模式；当用手指触摸相应位置时，如图 12-18 所示类似指纹的环状区域，输出高电平，模式切换为快速模式；当持续 12 s 没有触摸时，模式又切换为低功率模式。TTP223 触摸传感器可以直接安装在非金属材料如塑料、玻璃的表面。还可以将薄薄的纸片（非金属）覆盖在 TTP223 触摸传感器表面，只要触摸的位置正确，即可做成隐藏在墙壁、桌面等地方的按键。

2. TTP223 触摸传感器的规格参数

TTP223 触摸传感器的规格参数见表 12-7。

表 12-7　TTP223 触摸传感器的规格参数

序号	规格参数	参数要求
1	工作电压/V	直流 2~5.5
2	工作模式	初态为低电平，低功率； 触摸时为高电平，高功率； 持续 12 s 以上不触摸为低电平，低功率
3	定位孔	4 个 M2 螺丝定位孔，便于安装
4	触摸面	类似指纹的环状区域，正、反面均可
5	规格尺寸/mm	24×24

12.6.2 TTP223 触摸传感器应用示例

如图 12-18 所示，TTP223 触摸传感器共引出 3 个引脚，分别为数字输出口 Sig、地线 GND、电源 VCC。实际应用时，可将数字输出 Sig 接在 Arduino Uno 开发板的一个数字引脚上，如引脚 D7，接线情况见表 12-8，同时利用数字引脚 13 外接有源蜂鸣器，如图 12-19 所示，当触摸传感器感应到信号时，有源蜂鸣器发出声音。

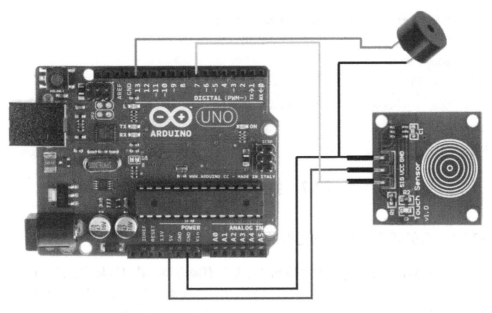

图 12-19　TTP223 触摸传感器示例电路

表 12-8　Arduino Uno 开发板与 TTP223 触摸传感器接线说明

序号	Arduino Uno 开发板引脚	其他元件引脚
1	D7	TTP223 触摸传感器的 Sig 引脚
2	5 V	TTP223 触摸传感器的 VCC 引脚
3	GND	TTP223 触摸传感器的 GND 引脚
4	D13	有源蜂鸣器正极引脚
5	GND	有源蜂鸣器负极引脚

示例程序代码如下：

```
int pinBuzzer=13;                    // 定义有源蜂鸣器接口
int pinButton=7;                     // 定义触摸传感器接口
int val;                             // 定义数字变量 val
void setup()
{
    pinMode(pinBuzzer,OUTPUT);       // 定义有源蜂鸣器为输出接口
    pinMode(pinButton,INPUT);        // 定义触摸传感器为输入接口
}
void loop()
{
  val=digitalRead(pinButton);        // 读取数字接口 7 的值并赋给 val
      if(val==HIGH)                  // 当触摸传感器检测到信号时，有源蜂鸣器发出声音
          {
```

```
                digitalWrite(pinBuzzer,HIGH);
            }
    else
        {
            digitalWrite(pinBuzzer,LOW);
        }
    }
```

12.7 红外避障传感器

12.7.1 红外避障传感器的工作原理

红外避障传感器利用红外反射来检测前方是否有障碍物，其对环境光线适应能力强，具有一对红外发射端与红外接收端，如图 12-20 所示，对应的电路原理如图 12-21 所示。

1. 红外避障传感器简介

红外发射端发射出一定频率的红外线，在一定范围内，如果没有障碍物，发射出去的红外线随着传播距离而逐渐减弱，最后消失；当检测方向遇到障碍物（反射面）时，红外线反射回来被红外接收端接收，经过比较器电路处理之后，信

图 12-20 红外避障传感器

号输出接口输出低电平信号。该传感器可通过电位器旋钮调节检测距离，具有干扰小、便于装配、使用方便等特点，有效距离范围为 2~30 cm，工作电压为 3.3~5 V，广泛应用于机器人避障、小车避障、流水线计数及黑白线循迹等众多场合。

2. 红外避障传感器参数说明

（1）当传感器模块检测到前方障碍物信号时，电路板上绿色指示灯点亮，同时 OUT 端口持续输出低电平信号，该模块检测距离为 2~30 cm，检测角度为 35°，检测距离可以通过电位器进行调节，顺时针调电位器，检测距离增加；逆时针调电位器，检测距离减小。

（2）传感器模块主动进行红外线反射探测，因此目标的反射率和形状是探测距离的关键。其中黑色探测距离最小，白色最大；小面积物体距离小，大面积距离大。

（3）传感器模块输出端口 OUT 可直接与 Arduino UNO 开发板的 IO 口连接，也可以直接驱动一个 5 V 继电器。

（4）可采用 3~5 V 直流电源对传感器模块进行供电。

（5）具有 3 mm 的螺丝孔，便于固定、安装。

（6）电路板尺寸为 3.2 cm×1.4 cm。

（7）每个传感器模块已经将阈值比较电压通过电位器调节好，若非特殊情况，请勿随意调节电位器。

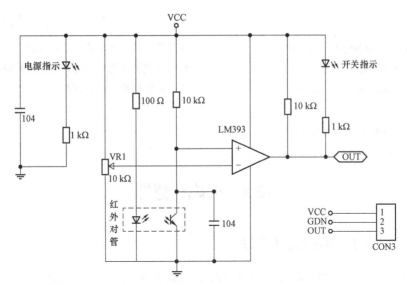

图 12-21　红外避障传感器电路原理

12.7.2　红外避障传感器应用示例

如图 12-20 所示，红外避障传感器共引出 3 个引脚，分别是地线 GND、电源 VCC 和输出口 OUT。实际应用时，可将输出口 OUT 接在 Arduino Uno 开发板的一个数字引脚上，如引脚 D3，接线情况见表 12-9，同时利用数字引脚 13 自带的 LED 灯，当红外避障传感器检测到有障碍物时（输出为低电平），LED 灯亮；反之 LED 灯灭，利用其原理可制作障碍物检测提示灯。

表 12-9　Arduino Uno 开发板与红外避障传感器接线说明

序号	Arduino Uno 开发板引脚	红外避障传感器引脚
1	D3	OUT
2	5 V	VCC
3	GND	GND

示例程序代码如下：

```
int Led=13;                      // 定义 LED 灯接口
int button=3;                    // 定义红外避障传感器接口
int val;
void setup()
{
  pinMode(Led,OUTPUT);           // 定义 LED 灯为输出接口
  pinMode(button,INPUT);         // 定义红外避障传感器为输入接口
}
void loop()
```

```
{
    val=digitalRead(button);          // 读取数字接口 3 的值并赋给 val
    if(val==LOW)                      // 当红外避障传感器检测到障碍物时输出为低电平
        digitalWrite(Led,HIGH);       // 提示有障碍物，LED 灯亮
    else
        digitalWrite(Led,LOW);
}
```

12.8　火焰传感器

12.8.1　火焰传感器的工作原理

火焰传感器利用特制的红外线接收管通过捕捉火焰中的红外波长来检测火焰，并将火焰的温度转化为高低变化的电平信号，然后输入单片机进行分析处理，当达到一定电平时，判定为失火。火焰传感器如图 12-22 所示，该传感器的探测角度可达 60°，工作温度为-25 ℃～85 ℃，在使用过程中，应注意传感器探头离火焰的不能太近，以免造成损坏。此外，该传感器还可以用来检测光线的亮度，可检测波长为760～1 100 nm 的光源。

图 12-22　火焰传感器

12.8.2　火焰传感器应用示例

设计图 12-23 所示的实验电路，实验材料为：火焰传感器 1 个、有源蜂鸣器 1 个、10 kΩ 电阻 1 个、面包板、杜邦线、万用表。

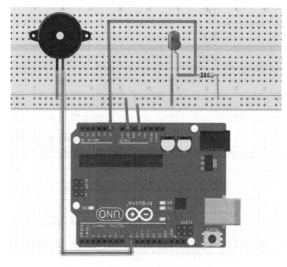

图 12-23　火焰传感器示例电路

Arduino Uno 开发板与火焰传感器接线说明见表 12-10，火焰传感器的负极（短脚）接到 5 V 引脚，正极（长脚）连接 10 kΩ 的电阻，电阻的另一端连接 GND。火焰传感器与电阻连接在一起并接入 Arduino Uno 开发板模拟输入 A0 引脚。有源蜂鸣器正极接 Arduino Uno 开发板数字引脚 8，负极接 GND。当火焰传感器检测到信号值超过一定值时，有源蜂鸣器报警，如此可制作成火灾报警器。

表 12-10 Arduino Uno 开发板与火焰传感器接线说明

序号	Arduino Uno 开发板引脚	火焰传感器引脚
1	A0	火焰传感器负极
2	5 V	火焰传感器正极
3	GND	有源蜂鸣器负极、电阻
4	D8	有源蜂鸣器正极

示例程序代码如下：

```
int pinBuzzer =8;                      // 定义有源蜂鸣器接口
int buttonpin=A0;                      // 定义火焰传感器接口
int val;
void setup()
{
    pinMode(pinBuzzer,OUTPUT);         // 定义有源蜂鸣器为输出接口
    pinMode(buttonpin,INPUT);          // 定义火焰传感器为输入接口
}
void loop()
{
    val=analogRead(buttonpin);         // 读取火焰传感器的值并赋给 val
    if(val>=600)                       // 当火焰传感器检测值大于 600 时，有源蜂鸣器报警
        digitalWrite(pinBuzzer,HIGH);
    else
        digitalWrite(pinBuzzer,LOW);
}
```

12.9 寻线传感器

12.9.1 寻线传感器的工作原理

寻线传感器的工作原理与红外避障传感器相同，它们都是根据红外线反射原理开发的传感器，如图 12-24 所示，对应的电路原理如图 12-25 所示。寻线传感器的发射功率比较小，遇到白色时红外线被反射；遇到黑色时红外线被吸收。可以检测到白底中的黑线，也可以检

测到黑底中的白线，由此实现黑线或白线的跟踪。当检测到黑线时，寻线传感器输出低电平；当检测到白线时，寻线传感器输出高电平。该传感器可用于光电测试及程控小车、轮式机器人执行任务。

图 12-24 寻线传感器

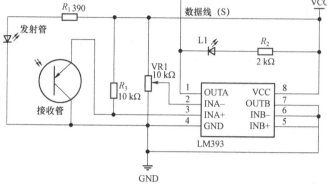

图 12-25 寻线传感器电路原理

12.9.2 寻线传感器应用示例

如图 12-24 所示，寻线传感器共引出 3 个引脚，从上到下分别是地线 GND、电源 VCC 和信号线 S。实际应用时，可将 S 端接在 Arduino Uno 开发板的一个数字引脚上，如引脚 D3，接线说明见表 12-11，同时利用数字引脚 13 自带的 LED 灯，当寻线传感器检测到有反射信号时（白色），LED 灯亮；反之（黑色）LED 灯灭。

表 12-11 Arduino Uno 开发板与寻线传感器接线说明

序号	Arduino Uno 开发板引脚	寻线传感器引脚
1	D3	S
2	5 V	VCC
3	GND	GND

示例程序代码如下：

```
int Led=13;                    // 定义 LED 灯接口
int buttonpin=3;               // 定义寻线传感器接口
int val;
void setup()
{
  pinMode(Led,OUTPUT);         // 定义 LED 灯为输出接口
  pinMode(buttonpin,INPUT);    // 定义寻线传感器为输入接口
}
void loop()
{
```

```
    val=digitalRead(buttonpin);       // 读取数字接口 3 的值并赋给 val
    if(val==HIGH)                      // 当寻线传感器检测有反射信号时，LED 灯亮
        digitalWrite(Led,HIGH);
    else
        digitalWrite(Led,LOW);
}
```

12.10　HC-SR501 人体红外感应传感器

12.10.1　HC-SR501 人体红外感应传感器的工作原理

1. HC-SR501 人体红外感应传感器简介

HC-SR501 人体红外感应传感器是一款基于热释电效应的人体热释运动传感器，能检测到人体或者动物上发出的红外线，它广泛应用于各类自动感应电气设备，尤其是干电池供电的自动控制产品，如安防产品、人体感应玩具、人体感应灯具、工业自动化控制设备等。

该传感器可以通过两个旋钮调节检测 3～7 m 的范围，有 0.5～300 s 的延迟时间，还可以通过跳线来选择单次检测以及连续检测模式。HC-SR501 人体红外感应传感器正面如图 12-26 所示，反面及引脚说明如图 12-27 所示。

图 12-26　HC-SR501 人体红外感应传感器正面

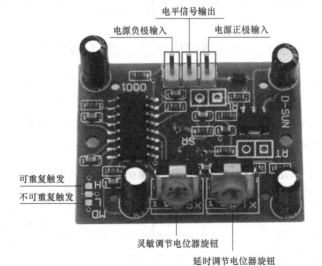

图 12-27　HC-SR501 人体红外感应传感器反面及引脚说明

调节灵敏调节电位器旋钮顺时针旋转，感应距离增大（约 7 m），反之感应距离减小（约 3 m）；调节延时调节电位器旋钮，感应延时加长（约 300 s），反之感应延时缩短（约 0.5 s）。旋钮旁边三针脚为检测模式选择跳线，将跳线帽插在 L 针脚，为不可重复触发，即单次检测

模式；H 针脚为可重复触发，即连续检测模式。在单次检测模式中，传感器检测到移动，输出高电平后，延迟时间段一结束，输出自动从高电平变成低电平。在连续检测模式中，传感器检测到移动，输出高电平后，如果人体继续在检测范围内移动，传感器一直保持高电平，直到人体离开后才延迟将高电平变为低电平。两种检测模式的区别在于检测移动触发后，人体若继续移动，是否持续输出高电平。

2. HC-SR501 人体红外感应传感器的规格参数

HC-SR501 人体红外感应传感器的规格参数见表 12-12。

表 12-12　HC-SR501 人体红外感应传感器的规格参数

序号	规格参数	参数要求
1	工作电压/V	直流 4.5~20
2	静态电流/μA	<20
3	电平输出/V	高 3.3/低 0
4	触发方式	L 不可重复触发，H 重复触发
5	延时时间/s	0.5~300（可调）
6	封锁时间/s	2.5（默认）
7	规格尺寸/mm	32×24
8	感应角度/（°）	<100 锥角
9	工作温度/℃	-15~70
10	感应距离/m	3~7（可调）
11	感应透镜尺寸/mm	直径：23（默认）

12.10.2　HC-SR501 人体红外感应传感器应用示例

如图 12-27 所示，HC-SR501 人体红外感应传感器共引出 3 个引脚：电平信号输出、电源 VCC 和地线 GND。实际应用时，可将电平信号输出端接在 Arduino Uno 开发板的一个数字引脚上，如引脚 D3，接线说明见表 12-13，同时利用数字引脚 13 自带的 LED 灯，当 HC-SR501 人体红外感应传感器检测到有人体时（高电平），LED 灯亮；反之（低电平）LED 灯灭。

表 12-13　Arduino Uno 开发板与 HC-SR501 人体红外感应传感器接线说明

序号	Arduino Uno 开发板引脚	HC-SR501 人体红外感应传感器引脚
1	D3	电平信号输出
2	5 V	VCC
3	GND	GND

示例程序代码如下：

```
int Led=13;              // 定义 LED 灯接口
int buttonpin=3;         // 定义 HC-SR501 人体红外感应传感器接口
int val;
```

```
void setup()
{
  pinMode(Led,OUTPUT);              // 定义 LED 灯为输出接口
  pinMode(buttonpin,INPUT);         // 定义 HC-SR501 人体红外感应传感器为输入接口
}
void loop()
{
    val=digitalRead(buttonpin);   // 读取数字接口 3 的值并赋给 val
    if(val==HIGH)                 // 当 HC-SR501 人体红外感应传感器检测有人体时，LED 灯亮
        digitalWrite(Led,HIGH);
    else
        digitalWrite(Led,LOW);
}
```

12.11　RB-02S102 红外手势传感器

12.11.1　RB-02S102 红外手势传感器的工作原理

1. 红外传感手势识别原理

红外传感包括红外光源（红外 LED 灯）和红外传感器，红外光源发射的红外光是一种不可见光，具有反射、折射、吸收等性质。根据红外光的物理特性，利用红外传感器检测红外光的能量大小。

1）单光源红外传感手势识别

基于单光源的红外传感手势识别示意如图 12-28 所示，红外光源和红外传感器放置在同一方向，当人手遮挡在红外光源上方时，红外传感器会检测到一定量的红外反射光。红外传感器检测到的红外光强与红外光反射面（人手）到传感器的距离成函数反比关系。红外传感器的检测距离和范围又与红外光源的视角选择有很大关系，红外光源发射出圆锥形状的红外光，圆锥顶角又称作红外视角，如图 12-29 所示，比较不同视角的红外光源，小视角的红外光源能量较集中，检测范围小，但检测距离远。

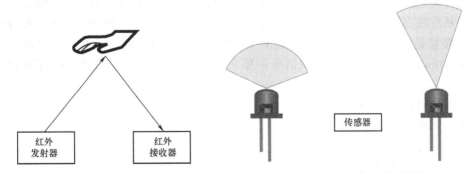

图 12-28　单光源红外传感手势识别示意　　**图 12-29**　不同红外视角检测范围对比

单光源红外检测波形如图 12-30 所示，通过红外光强的上升、下降只能检测判断有无手接近，可使用在智能家居的开关控制方面。

2）双光源红外传感手势识别

双光源红外检测波形如图 12-31 所示，双光源分布在同一平面上，根据不同红外光源反射信号上升的时序与手运动遮挡红外光源的顺序一致原理，可判断两种来回的滑动手势，即手势的挥动方向是从光源 1 到光源 2 还是从光源 2 到光源 1。

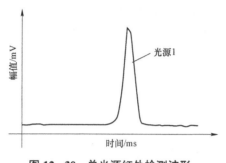

图 12-30　单光源红外检测波形

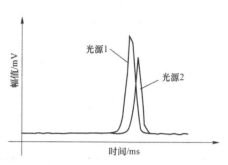

图 12-31　双光源红外检测波形

3）多光源（3 个及 3 个以上）红外传感手势识别

以三光源传感器检测为例，3 个红外光源分布不共线，可检测 3 种以上的手势，三光源红外检测波形如图 12-32 所示。光源 1 和光源 3 的信号几乎同时上升，然后再到光源 2，可判断手势的移动方向。

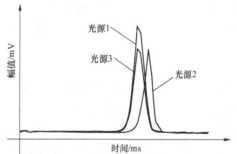

图 12-32　三光源红外检测波形

因此，若要判断多种（3 种及 3 种以上）手势，至少需要 3 个及 3 个以上红外光源组成红外传感手势识别系统才能满足要求。多个光源在空间的分布又称作手势识别的红外场，且空间分布阵列不完全共线，只要手势变化在红外场范围内都可以被检测到。

2. RB-02S102 红外手势传感器简介

RB-02S102 红外手势传感器如图 12-33 所示，它将光电二极管作为红外传感器，达到检测多种手势的目的，即利用 4 个方向的光电二极管来检测反射的 IR 能量（由集成 LED 产生），以将物理运动信息（即速度、方向和距离）转换成数字信息，对手势的移动方向进行识别。

当手从左往右挥动的时候，Photo-Diode 1（光电二极管 1）接收到反射过来的红外光源信号，接着是 Photo-Diode 1 和 Photo-Diode 4 几乎可以同时接受到红外光源信号，最后 Photo-Diode 3 接收到红外光源信号，那么光电二极管接收信号的顺序与手势挥动的方向如下：

1—2，4—3⇔从左往右

其他手势判断如下：

3—2，4—1⇔从右往左

4—1，3—2⇔从上往下

2—1，3—4⇔从下往上

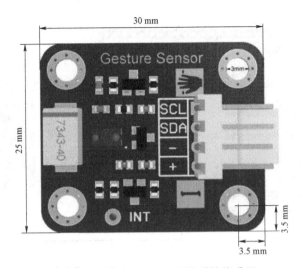

图 12-33　RB-02S102 红外手势传感器

这样就可以根据光电二极管接收信号的先后顺序来判断手势挥动的方向了。

3. RB-02S102 红外手势传感器的规格参数

RB-02S102 红外手势传感器的规格参数见表 12-14。

表 12-14　RB-02S102 红外手势传感器的规格参数

序号	规格参数	参数要求
1	工作电压/V	直流 3.3～5
2	引脚接口	IIC 接口（1 个）、中断引脚（1 个）
3	接口类型	直插、KF2510
4	输出信号	数字信号
5	定位孔/mm	M3（4 个），间距 23×18
6	检测距离/cm	10
7	规格尺寸/mm	30×25
8	质量/g	3

12.11.2　RB-02S102 红外手势传感器应用示例

1. RB-02S102 红外手势传感器示例电路

RB-02S102 红外手势传感器共引出 4 个引脚，分别为电源 VCC、地线 GND、SDA、SCL。
实际应用时，可将 SDA 端接在 Arduino Uno 开发板的一个模拟引脚上，如引脚 A4，将 SCL
接到 A5 上，示例电路如图 12-34 所示，接线说明见表 12-15。

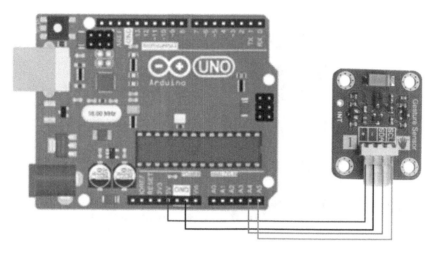

图 12-34　RB-02S102 红外手势传感器示例电路

表 12-15　**Arduino Uno 开发板与 RB-02S102 红外手势传感器接线说明**

序号	Arduino Uno 开发板引脚	RB-02S102 红外手势传感器引脚
1	A4	SDA
2	A5	SCL
3	5 V	VCC
4	GND	GND

2. 示例程序代码

```
#include <Wire.h>
#include <ALS_APDS9960.h>
ALS_APDS9960 apds = ALS_APDS9960();
int isr_flag = 0;

void setup() {
  Serial.begin(9 600);
  Serial.println();
  Serial.println(F("--------------------------------"));
  Serial.println(F("SparkFun APDS-9960 - GestureTest"));
  Serial.println(F("--------------------------------"));

  if (apds.init() ) {
    Serial.println(F("APDS-9960 initialization complete"));
  } else {
    Serial.println(F("Something went wrong during APDS-9960 init!"));
  }
```

```
  // Start running the APDS-9960 gesture sensor engine
  if (apds.enableGestureSensor(true) ) {
      Serial.println(F("Gesture sensor is now running"));
  } else {
      Serial.println(F("Something went wrong during gesture sensor init!"));
  }
}


void loop() {
      handleGesture();
      delay(50);
}


void handleGesture() {
    if(apds.isGestureAvailable() ) {
    switch(apds.readGesture() ) {
      case DIR_UP:
        Serial.println("UP");
        break;
      case DIR_DOWN:
        Serial.println("DOWN");
        break;
      case DIR_LEFT:
        Serial.println("LEFT");
        break;
      case DIR_RIGHT:
        Serial.println("RIGHT");
        break;
      case DIR_NEAR:
        Serial.println("NEAR");
        break;
      case DIR_FAR:
        Serial.println("FAR");
        break;
      default:
        Serial.println("NONE");
    }
  }
}
```

3. 程序效果

手上、下、左、右、远、近滑动经过 RB-02S102 红外手势传感器时,串口会打印图 12-35 所示的数据。

图 12-35　RB-02S102 红外手势传感器示例输出结果

RB-02S102 红外手势传感器基于人体手势的不同方向和动作引起红外场的变化的基本原理,通过检测红外场的变化情况判断手势的方向和幅度。基于上述原理,设计红外手势传感器作为用户在测试视力的过程中和电脑交互的主要手段。在距离给定的情况下,通过对屏幕上显示的"E"的方向进行判断之后通过红外手势传感器传入数据(第 14 章给出进一步的分析)。

12.12　KY-038 高感度声音传感器

12.12.1　KY-038 高感度声音传感器的工作原理

1. KY-038 高感度声音传感器简介

声音传感器的作用相当于一个麦克风,可用来接收声波,显示声音的振动图像,但不能对噪声的强度进行测量。KY-038 高感度声音传感器如图 12-36 所示,对应的电路原理如图 12-37 所示。KY-038 高感度声音传感器内置了一个对声音敏感的电容式驻极体话筒,当有声音时,声波使话筒内的驻极体薄膜振动,导致电容发生变化,从而产生与声波变化

图 12-36　KY-038 高感度声音传感器

对应的微弱交流信号，然后经过隔直（直流）通交（交流）滤波、信号放大、整流与变换等一系列信号变换，最后转换成 0～5 V 的电压，可利用单片机的模/数转换功能进行数据采集，从而得到数字信号。

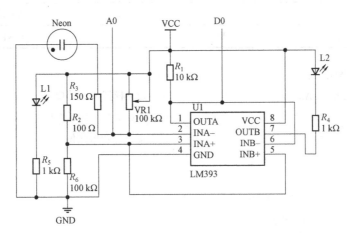

图 12-37　KY-038 高感度声音传感器电路原理

2. KY-038 高感度声音传感器的特点

（1）使用 5 V 直流电源供电（工作电压为 3.3～5 V）；

（2）有模拟量输出（A0），实时麦克风电压信号输出；

（3）有阈值翻转电平输出（D0），高/低电平信号输出（0 和 1）；

（4）灵敏度高，具有驻极体电容式麦克风（ECM）传感器；

（5）通过电位计调节灵敏度（图 12-36 中蓝色数字电位器调节）；

（6）有电源指示灯，比较器输出有指示灯；

（7）设有 3 mm 固定螺栓孔，安装方便；

（8）小板 PCB 尺寸为 3.2 cm×1.7 cm；

（9）可以检测周围环境的声音强度。

使用注意：此传感器只能识别声音的有无（根据振动原理），不能识别声音的大小或者特定频率的声音。

12.12.2　KY-038 高感度声音传感器应用示例

KY-038 高感度声音传感器共引出 4 个引脚，如图 12-36 所示，从上到下分别是模拟输出口 A0、地线 GND、电源 VCC 和数字输出口 D0，其中模拟输出口 A0 可实时输出麦克风的电压信号，数字输出口 D0 在声音强度到达某个阈值（即灵敏度，可通过调节电位器来改变）时，才输出高低电平信号。

该模块利用模拟输出口 A0 实现声音的检测。实际应用时，可将模拟输出口 A0 接在 Arduino Uno 开发板的一个模拟引脚上，如引脚 A5，接线说明见表 12-16，同时利用数字引脚 13 自带的 LED 灯，当传感器检测到有信号时，LED 灯亮；反之 LED 灯灭，同时显示输出声音的采样值。

表 12−16　Arduino Uno 开发板与 KY−038 高感度声音传感器接线说明（1）

序号	Arduino Uno 开发板引脚	KY−038 高感度声音传感器引脚
1	A5	A0
2	5 V	VCC
3	GND	GND

示例程序代码如下：

```
int sensorPin = A5;                    // 定义模拟输入端口
int ledPin = 13;                       // 定义 LED 灯显示端口
int sensorValue = 0;                   // 定义声音值变量
void setup()
{
  pinMode(ledPin, OUTPUT);
  Serial.begin(9 600);
}
void loop()
{
  sensorValue = analogRead(sensorPin); // 读取声音传感器的值
  digitalWrite(ledPin, HIGH);          // LED 灯闪烁
  delay(50);
  digitalWrite(ledPin, LOW);
  delay(50);
  Serial.println(sensorValue, DEC);    // 以十进制的形式输出声音值
}
```

利用数字输出口 D0 实现声音的检测。实际应用时，可将数字输出口 D0 接在 Arduino Uno 开发板的一个数字引脚上，如引脚 D3，接线说明表 12−17，同时利用数字引脚 13 自带的 LED 灯，当传感器检测到有信号时，LED 灯亮；反之 LED 灯灭。

表 12−17　Arduino Uno 开发板与 KY−038 高感度声音传感器接线说明（2）

序号	Arduino Uno 开发板引脚	KY−038 高感度声音传感器引脚
1	D3	D0
2	5 V	VCC
3	GND	GND

示例程序代码如下：

```
int Led=13;                 // 定义 LED 灯接口
int buttonpin=3;            // 定义声音传感器接口
int val;                    // 定义数字变量 val
```

```
void setup()
{
  pinMode(Led,OUTPUT);            // 定义 LED 灯为输出接口
  pinMode(buttonpin,INPUT);      // 定义声音传感器 DO 为输入接口
 }
void loop()
{
 val=digitalRead(buttonpin);    // 读取数字接口 3 的值并赋给 val
 if(val==HIGH)                  // 当声音传感器检测有信号时，LED 灯亮
   {
      digitalWrite(Led,HIGH)
   }
 else
   {
      digitalWrite(Led,LOW)
   }
}
```

12.13　TCS3200D 颜色传感器

12.13.1　TC S3200D 颜色传感器的工作原理

1. TCS3200D 颜色传感器简介

TCS3200D 颜色传感器是一款全色域颜色检测器，如图 12-38 所示，对应的电路原理如图 12-39 所示，其包括了 1 块 TAOS TCS3200RGB 感应芯片和 4 个白光 LED 灯。TCS3200D 颜色传感器能在一定的范围内检测几乎所有的可见光。根据三原色原理，对于 TCS3200D 颜色传感器来说，当选定一个颜色滤波器时，它只允许某种特定的色光通过，阻止其他色光通过。通过 RGB 值，就可以分析出反射到 TCS3200D 传感器上的光的颜色。

图 12-38　TCS3200D 颜色传感器

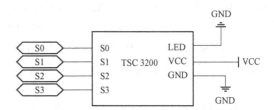

图 12-39　TCS3200D 颜色传感器电路原理

2. TCS3200D 颜色传感器的规格参数

TCS3200D 颜色传感器的规格参数见表 12-18。

表 12-18　TCS3200D 颜色传感器的规格参数

序号	规格参数	参数要求
1	工作电压/V	直流 2.7~5.5
2	工作电流/mA	1.4
3	输出频率范围/kHz	10~12（占空比为 50%）
4	检测状态	静态检测
5	最佳检测距离/mm	10
6	应用方向	静态物体颜色识别、各类颜色判别等
7	规格尺寸/mm	36×36

3. 引脚定义

图 12-38 中的 TCS3200D 颜色传感器各个引脚定义见表 12-19。

表 12-19　TCS3200D 颜色传感器引脚定义

引脚	定义	说明
1	S0	输出频率选择输入脚
2	S1	输出频率选择输入脚
3	OE	低电压使能端
4	GND	接地
5	VCC	5 V 电源
6	OUT	输出端
7	S2	输出频率选择输入脚
8	S3	输出频率选择输入脚

12.13.2　TCS3200D 颜色传感器应用示例

TCS3200D 颜色传感器与 Arduino Uno 开发板的接线说明见表 12-20。TCS3200D 颜色传感器能读取 3 种基本色（红、绿、蓝），但 RGB 输出并不相等，因此在测试前必须进行白平衡调整，使 TCS3200D 颜色传感器所检测的白色中的三原色相等。进行白平衡调整是为后续的颜色识别作准备。白平衡的时候，尽量保证环境是白色或者接近白色，以使测试结果接近真实值。

使用 TCS3200D 颜色传感器时应注意以下几点：

（1）尽量保证测试过程中光源恒定，不要轻易移动或者改变光源，在封闭环境中测试效果更佳。每次改变光源都需要重新进行白平衡调整。此传感器无法用于小车避障颜色识别。

（2）此传感器由于环境的影响和光源改变的影响可能会有颜色飘移和误差，不能用于高精度颜色识别。

表 12-20　**Arduino Uno 开发板与 TCS3200D 颜色传感器接线说明**

序号	Arduino Uno 开发板引脚	TCS3200D 颜色传感器引脚
1	5 V	VCC
2	GND	GND
3	D7	LED
4	D6	S0
5	D5	S1
6	D4	S2
7	D3	S3
8	D2	OUT

在本示例程序中，首先点亮 LED 灯，延时 4 s，通过白平衡测试，计算得到白色物体 RGB 值 255 与 1 s 内三色光脉冲数的 RGB 比例因子，那么三色光分别对应的 1 s 内 TCS3200D 颜色传感器输出脉冲数乘以相应的比例因子就是 RGB 标准值。然后，通过调用定时器中断函数，每 1 s 产生中断后，计算出该时间内的红、绿、蓝 3 种光线通过滤波器时产生的脉冲数，再将 TCS3200D 颜色传感器输出的信号脉冲个数分别存储到相应颜色的数组变量中。本示例代码输出了该数组的值，其代表了红、绿、蓝 3 种颜色的值。需要提前下载"TimerOne.h"库文件。

示例代码如下：

```
#include <TimerOne.h>
#define S0    6      // 物体表面的反射光越强，TCS3200D 颜色传感器内置振荡器产生的方波
频率越高
#define S1    5      // S0 和 S1 的组合决定输出信号频率比例因子，比例因子为 2%
// 比例因子为 TCS3200D 颜色传感器 OUT 引脚输出信号频率与其内置振荡器频率之比
#define S2    4      // S2 和 S3 的组合决定让红、绿、蓝哪一种光线通过滤波器
#define S3    3
#define OUT   2      // TCS3200D 颜色传感器输出信号连接到 Arduino Uno 开发板中断 0 引
脚，并引发脉冲信号中断，在中断函数中记录 TCS3200D 颜色传感器输出信号的脉冲个数
#define LED   7      // 控制 TCS3200D 颜色传感器是否点亮 LED 灯
float g_SF[3];       // 将从 TCS3200D 颜色传感器输出信号的脉冲数转换为 RGB 标准值的
Rfloat g_SF[3];  将从 TCS3200D 颜色传感器输出信号的脉冲数转换为 RGB 标准值的 RGB 比例因子
int   g_count = 0;   // 计算与反射光强相对应的 TCS3200D 颜色传感器输出信号的脉冲数
// 数组用于存储在 1 s 内 TCS3200D 颜色传感器输出信号的脉冲数，它乘以 RGB 比例因子就是 RGB
标准值
int   g_array[3];
```

```
int   g_flag = 0;                          // 滤波器模式选择顺序标志
// 初始化 TCS3200D 颜色传感器各控制引脚的输入/输出模式
// 设置 TCS3200D 颜色传感器的内置振荡器方波频率与其输出信号频率的比例因子为 2%

void TCS_Init()
{
  pinMode(S0, OUTPUT);
  pinMode(S1, OUTPUT);
  pinMode(S2, OUTPUT);
  pinMode(S3, OUTPUT);
  pinMode(OUT, INPUT);
  pinMode(LED, OUTPUT);
  digitalWrite(S0, LOW);
  digitalWrite(S1, HIGH);
}
// 选择滤波器模式，决定让红、绿、蓝哪一种光线通过滤波器
void TSC_FilterColor(int Level01, int Level02)
{
  if(Level01 != 0)
    Level01 = HIGH;
  if(Level02 != 0)
    Level02 = HIGH;
  digitalWrite(S2, Level01);
  digitalWrite(S3, Level02);
}
// 中断函数，计算 TCS3200D 颜色传感器输出信号的脉冲数
void TSC_Count()
{
  g_count ++ ;
}
// 定时器中断函数，每 1 s 中断后，把该时间内的红、绿、蓝 3 种光线通过滤波器时，
// TCS3200D 颜色传感器输出信号脉冲个数分别存储到数组 g_array[3]的相应元素变量中
void TSC_Callback()
{
  switch(g_flag)
  {
   case 0:
     Serial.println("->WB Start");
     TSC_WB(LOW, LOW);          // 选择让红色光线通过滤波器的模式
```

```
      break;
   case 1:
      Serial.print("->Frequency R=");
      Serial.println(g_count);   // 打印 1 s 内的红色光线通过滤波器时，TCS3200D 颜色
传感器输出的脉冲个数
      g_array[0] = g_count;      // 存储 1 s 内的红色光线通过滤波器时，TCS3200D 颜色
传感器输出的脉冲个数
      TSC_WB(HIGH, HIGH);        // 选择让绿色光线通过滤波器的模式
      break;
   case 2:
      Serial.print("->Frequency G=");
      Serial.println(g_count);   // 打印 1 s 内的绿色光线通过滤波器时，TCS3200D 颜色
传感器输出的脉冲个数
      g_array[1] = g_count;      // 存储 1 s 内的绿色光线通过滤波器时，TCS3200D 颜色
传感器输出的脉冲个数
      TSC_WB(LOW, HIGH);         // 选择让蓝色光线通过滤波器的模式
      break;
   case 3:
      Serial.print("->Frequency B=");
      Serial.println(g_count);   // 打印 1 s 内的蓝色光线通过滤波器时，TCS3200D 颜色
传感器输出的脉冲个数
      Serial.println("->WB End");
      g_array[2] = g_count;      // 存储 1 s 内的蓝色光线通过滤波器时，TCS3200D 颜色
传感器输出的脉冲个数
      TSC_WB(HIGH, LOW);         // 选择无滤波器的模式
      break;
   default:
      g_count = 0;               // 计数值清零
      break;
   }
}
// 设置反射光中红、绿、蓝三色光分别通过滤波器时如何处理数据的标志
// 该函数被 TSC_Callback( ) 调用
void TSC_WB(int Level0, int Level1)
{
   g_count = 0;                          // 计数值清零
   g_flag ++;                            // 输出信号计数标志
   TSC_FilterColor(Level0, Level1);      // 滤波器模式
   Timer1.setPeriod(1 000 000);          // 设置输出信号脉冲计数时长为 1 s
```

```
        Timer1.setPeriod(1 000 000);            // 设置输出信号脉冲计数时长为 1 s
    }
    // 初始化
    void setup()
    {
      TSC_Init();
      Serial.begin(9 600);                      // 启动串行通信
      Timer1.initialize();                      // 定时器初始化，默认触发值为 1 s
      Timer1.attachInterrupt(TSC_Callback);     // 设置定时器 1 的中断，中断调用函数为
TSC_Callback()
      // 设置 TCS3200D 颜色传感器输出信号的上跳沿触发中断，中断调用函数为 TSC_Count()
      attachInterrupt(0, TSC_Count, RISING);
      digitalWrite(LED, HIGH);                  // 点亮 LED 灯
      delay(4 000);                             // 延时 4 s，以等待被测物体红、绿、蓝三色
光在 1 s 内的 TCS3200D 颜色传感器输出信号脉冲计数
      // 通过白平衡测试，计算得到白色物体 RGB 值 255 与 1 s 内三色光脉冲数的 RGB 比例因子
      g_SF[0] = 255.0/ g_array[0];              // 红色光比例因子
      g_SF[1] = 255.0/ g_array[1] ;             // 绿色光比例因子
      g_SF[2] = 255.0/ g_array[2] ;             // 蓝色光比例因子
      // 打印白平衡后的红、绿、蓝三色光的 RGB 比例因子
      Serial.println(g_SF[0],5);
      Serial.println(g_SF[1],5);
      Serial.println(g_SF[2],5);
      // 红、绿、蓝三色光分别对应的 1 s 内 TCS3200D 颜色传感器输出脉冲数乘以相应的比例因子就是
RGB 标准值
      // 打印被测物体的 RGB 值
      for(int i=0; i<3; i++)
        Serial.println(int(g_array[i] * g_SF[i]));
    }
    // 主程序
    void loop()
    {
      g_flag = 0;
      delay(4 000);                             //每获得一次被测物体的 RGB 颜色值需时 4 s

      for(int i=0; i<3; i++)
        Serial.println(int(g_array[i]*g_SF[i])); //打印出被测物体的 RGB 颜色值
    }
```

12.14　MPU6050 运动检测传感器

12.14.1　MPU6050 运动检测传感器的工作原理

1. 惯性测量单元传感器

惯性测量单元（Inertial Measurement Unit，IMU）是测量运动物体加速度和角速度等运动状态的装置。IMU 传感器通常包含两个或多个功能，按优先级分别是加速计（加速度传感器）、陀螺仪（角速度传感器）、磁力计和测高仪。加速计检测轴向的线性动作，陀螺仪检测转动的动作。

加速计是一种能够测量加速度的电子设备，常用于手机重力感应控制、地震监测、汽车碰撞监测、机器人运动姿态监测等。陀螺仪测量的物理量是偏转、倾斜时的转动角速度。在飞机上，陀螺仪能用于控制和惯性导航。在手机上，陀螺仪可以对转动、偏转的动作进行很好的测量，进而可以精确分析判断出使用者的实际动作，最后根据动作对手机进行相应的操作。

加速计和陀螺仪结合可用于手机或其他虚拟设备媒体之间的交互，如用户的动作检测，融合卡尔曼滤波还能用于无人机的姿态控制。

常见的 IMU 传感器包括：ADXL345 加速度传感器、ITG3200 陀螺仪、MPU6050 运动检测传感器。

2. MPU6050 运动检测传感器简介

MPU6050 运动检测传感器是一种基于微机电系统（Micro Electro Mechanical System，MEMS）技术的 6 轴 IMU 传感器，如图 12-40 所示。它将三轴加速计和三轴陀螺仪嵌入一块芯片中，芯片采用标准 I^{2}C 通信协议，有效解决了单独把加速计和陀螺仪组合使用时不容易精确控制的问题。MPU6050 运动检测传感器通过陀螺仪和加速计可以很好地获取物体运动及位置的相关数据，配合磁力计和气压计、GPS 等模块可以组成更加精确的定位部件。

图 12-40　MPU6050 运动检测传感器

3. MPU6050 运动检测传感器的规格参数及特点

MPU6050 运动检测传感器的规格参数见表 12-21。

表 12-21　MPU6050 运动检测传感器的规格参数

序号	规格参数	参数要求
1	工作电压/V	直流 3～5
2	通信方式	标准 I^{2}C 通信协议
3	陀螺仪范围/[(°)·s^{-1}]	±（250/500/1 000/2 000）
4	加速度范围/g	±（2/4/8/16）
5	引脚间距/mm	2.54
6	模数转换器（ADC）	6 个 16 位 ADC（3 个用于加速计，3 个用于陀螺仪）

MPU6050 运动检测传感器的特点如下：

（1）3 轴陀螺仪，灵敏度为 131 LSB·s/（°），量程范围为（±250、±500、±1 000 与 ±2 000）（°）/s。

（2）3 轴加速计，量程范围为 ±2g、±4g、±8g 和 ±16g。

（3）集成数字运动处理（Digital Motion Processing，DMP）引擎，能自动计算倾角，减少对处理器的依赖，可以设计使用性能较低的单片机（该引擎的使用须得到授权，一般只对行业用户开放）。

（4）官方提供的运动处理数据库函数支持 Android、Linux 与 Windows 系统，方便跨平台开发使用。

（5）内建传感器运行的时间偏差与磁力感测器（电子指南针传感器）技术校正，无须进行额外的校正。实现此功能须将电子指南针接入传感器的另一条 I²C 总线，将电子指南针作为从设备。

（6）内置数字温度传感器。

（7）MPU6050 运动检测传感器为 QFN 封装，功能引脚定义见表 12-22。

注意：MPU6050 运动检测传感器作为 I²C MASTER 读取 HMC5883L 磁阻传感器数据，MPU6050 运动检测传感器的 XDA 和 XCL 分别与 HMC5883 的 SDA 和 SCL 相连，可与磁阻传感器联合计算，获得更加精确的姿态数据。

表 12-22　MPU6050 运动检测传感器功能引脚说明

序号	功能引脚	说明
1	VCC	输入 5 V
2	GND	接地
3	SCL	I²C 时序接口
4	SDA	I²C 双向数据接口
5	XDA	作为主设备读取其他 I²C 设备的数据接口
6	XCL	作为主设备读取其他 I²C 设备的数据接口
7	AD0	接 4.7 kΩ 的电阻，若接地，则 I²C 的地址为 0×68；悬空不接，则 I²C 地址为 0×69
8	INT	中断输出接口

12.14.2　MPU6050 运动检测传感器应用示例

1. 连接 Arduino Uno 开发板与 MPU6050 运动检测传感器

按照图 12-41 连接 Arduino Uno 开发板与 MPU6050 运动检测传感器。使用 MPU6050 运动检测传感器只需要接 I²C 接口（MPU6000 可支持 SPI 总线），其与 Arduino Uno 开发板的接线说明见表 12-23。在 Arduino Uno 开发板上，SDA 接口对应的是 A4 引脚，SCL 对应的是 A5 引脚。MPU6050 运动检测传感器需要 5 V 的电源，可由 Arduino Uno 开发板直接供电。

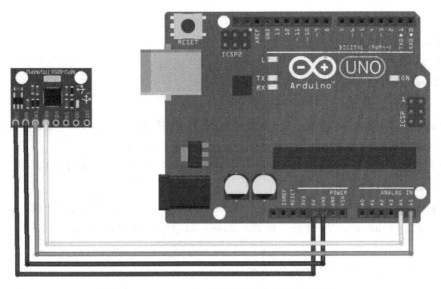

图 12–41 MPU6050 运动检测传感器示例电路

表 12–23 Arduino Uno 开发板与 MPU6050 运动检测传感器接线说明

序号	Arduino Uno 开发板引脚	MPU6050 运动检测传感器引脚
1	5 V	VCC
2	GND	GND
3	A5	SCL
4	A4	SDA

2. 编写程序示例

进行程序设计时，可直接调用厂家提供的"MPU6050.h"库函数，使用相关的函数读取，即可获得加速计和陀螺仪的原始数据。

示例程序代码如下：

```
// 使用 I²C 总线须调用"Wire.h"
#include <Wire.h>
// I²Cdev 和 MPU6050 库函数必须拷贝到 Arduino 安装目录的"libraries"文件夹下,并包含所需
的".cpp"和".h"文件
#include <I²Cdev.h>
#include <MPU6050.h>
// 类定义默认的 I²C 地址是 0x68
// 特定的 I²C 地址会作为一个参数传递
// AD0 low = 0x68 (// AD0 low = 0x68 (默认 AD0 连接 4.7 kΩ 电阻接地, I²C 地址为 0x68)
// AD0 high = 0x69 (悬空或接高电平, I²C 地址为 0x69)
MPU6050 accelgyro;
int16_t ax, ay, az;
```

```
    int16_t gx, gy, gz;
    #define LED_PIN 13
    bool blinkState = false;
    void setup()
    {
      Wire.begin();                        // 加入 I²C 总线（I²C dev 库不会自动完成这个工作）
      Serial.begin(38 400);                // 初始化串口波特率
      Serial.println("Initializing I²C devices...");  // 初始化设备
      accelgyro.initialize();
      Serial.println("Testing device connections..."); // 验证是否连接
      Serial.println(accelgyro.testConnection() ? "MPU6050 connection
successful" :
          "MPU6050 connection failed");
      pinMode(LED_PIN, OUTPUT);                          // 设置 Arduino Uno 板载指示灯
    }
    void loop()
    {
      // 从设备读取加速计与陀螺仪的原始数据
      accelgyro.getMotion6(&ax, &ay, &az, &gx, &gy, &gz);
      // 可以调用以下方法，单独读取加速度和角速度
      // accelgyro.getAcceleration(&ax, &ay, &az);
      // accelgyro.getRotation(&gx, &gy, &gz);
      // 显示加速度与角速度 x、y、z 三轴的值
      Serial.print("a/g:\t");
      Serial.print(ax);
      Serial.print("\t");
      Serial.print(ay);
      Serial.print("\t");
      Serial.print(az);
      Serial.print("\t");
      Serial.print(gx);
      Serial.print("\t");
      Serial.print(gy);
      Serial.print("\t");
      Serial.println(gz);
      blinkState = !blinkState;
      digitalWrite(LED_PIN, blinkState);    // LED 灯闪烁以指示当前处于工作状态
    }
```

3. MPU6050 运动检测传感器的量程和灵敏度

上述代码输出的是未经处理的原始数据，若想获得处理后的角速度和加速度值，请根据表 12-24 和表 12-25 查询灵敏度，再将加速度或角度速的原始值除以灵敏度。例如：默认的加速度量程范围为±2g，将加速度原始值除以 16 384；默认的角速度量程为 250°/s，将角速度原始值除以 131，即可得到相应的加速度和角速度值。

表 12-24　MPU6050 运动检测传感器加速度量程灵敏度对照表

AFS_SEL	满量程范围/g	最低有效位灵敏度/（LSB·mg^{-1}）
0	±2	16 384
1	±4	8 192
2	±8	4 096
3	±16	2 048

表 12-25　MPU6050 运动检测传感器角速度量程灵敏度对照表

FS_SEL	满量程范围/［(°)·s^{-1}］	最低有效位灵敏度/［LSB·s·(°)$^{-1}$］
0	250	131
1	500	65.5
2	1 000	32.8
3	2 000	16.4

若读者需要测量不同量程的数据，可以参照数据手册改变寄存器中 AFS_SEL 和 FS_SEL 的值。示例程序代码如下：

```
#include <Wire.h>
#include <I²C dev.h>
#include <MPU6050.h>
MPU6050 accelgyro;
int16_t ax, ay, az;
int16_t gx, gy, gz;
bool blinkState = false;
void setup()
{
  Wire.begin();
  Serial.begin(38 400);
  accelgyro.initialize();
}
void loop()
{ accelgyro.getMotion6(&ax, &ay, &az, &gx, &gy, &gz);
  Serial.print("a/g:\t");
```

```
Serial.print(ax/16 384); Serial.print("\t");
Serial.print(ay/16 384); Serial.print("\t");
Serial.print(az/16 384); Serial.print("\t");
Serial.print(gx/131); Serial.print("\t");
Serial.print(gy/131); Serial.print("\t");
Serial.println(gz/131);
blinkState = !blinkState;
}
```

12.15　Joystick PS2 摇杆

12.15.1　Joystick PS2 摇杆的工作原理

Joystick PS2 摇杆具有 2 轴模拟输出（X 轴和 Y 轴）、1 路按钮数字输出，配合 Arduino 传

感器扩展板可以制作遥控器等互动作品，如图 12-42 所示。Joystick PS2 摇杆由两个电位器和一个按钮开关组成。拨动电位器时，阻值发生变化，从而改变输出电压，其输出的是模拟量；按钮开关输出的是数字高、低电平。

　　Joystick PS2 摇杆就像一个游戏控制台中的操纵杆，可以控制输入操纵杆的 VRX、VRY 和按钮的值。数据类型的 VRX、VRY 为模拟输入信号，连接到 Arduino Uno 开发板的模拟引脚。按钮是数字输入信号，连接到数字引脚。Joystick PS2 摇杆引脚说明见表 12-26。

图 12-42　Joystick PS2 摇杆

表 12-26　Joystick PS2 摇杆引脚说明

序号	功能引脚	说明
1	GND	接地
2	+5 V	接电源
3	VRX	连接 X 轴的电位器，输出电压为 0～5 V
4	VRY	连接 Y 轴的电位器，输出电压为 0～5 V
5	SW	按下按钮输出 0 V，不按按钮时输出 2.5 V 左右电压

12.15.2　Joystick PS2 摇杆应用示例

　　Joystick PS2 摇杆的按钮不按时，SW 端输出的电压值低于 2.5 V，无法被 Arduino Uno 开发板的数字端口读取为数字"1"；而按下按钮后，SW 端输出为 0 V，因此，在示例程序中暂用 Arduino Uno 开发板的模拟端口 A2 来读取。Arduino Uno 开发板与 Joystick PS2 摇杆连线说明见表 12-27。

表 12-27　Arduino Uno 开发板与 Joystick PS2 摇杆接线说明

序号	Arduino Uno 开发板引脚	Joystick PS2 摇杆引脚
1	5 V	+5 V
2	GND	GND
3	A0	VRX
4	A1	VRY
5	A2	SW

示例程序代码如下：

```
#define PIN_X 0
#define PIN_Y 1
#define PIN_Z 2
void setup() {
 pinMode(PIN_X, INPUT);
 pinMode(PIN_Y, INPUT);
 pinMode(PIN_Z, INPUT);
 Serial.begin(9 600);
}
void loop() {
 int x,y,z;
 x=analogRead(PIN_X);
 y=analogRead(PIN_Y);
 z=analogRead(PIN_Z);
 Serial.print("X=");
 Serial.print(x);
 Serial.print("\tY=");
 Serial.print(y);
 Serial.print("\tZ=");
 Serial.println(z);
 delay(1 000);
}
```

12.16　DHT11 数字温湿度传感器

12.16.1　DHT11 数字温湿度传感器的工作原理

DHT11 数字温湿度传感器可以用来测试环境温湿度，如图 12-43 所示，对应的电路原理如图 12-44 所示。该传感器的温度测量范围为 0～50 ℃，误差为 2 ℃；湿度测量范围在环境温度为 0 ℃时为 30%～90%RH，在环境温度为 25 ℃时为 20%～90%RH，在环境温度为 50 ℃时为 20%～80%RH。DHT11 数字温湿度传感器由电阻式感湿器件和 NTC 系数感温器件构成，具有校准数字信号输出功能，采用单总线串行接口，输出数据一共为 5 个字节，分别表示：湿度整数位、湿度小数位、温度整数位、温度小数位及校验和，其中校验和为湿度与温度之和的最低 8 位数据。

图 12-43　DHT11 数字温湿度传感器

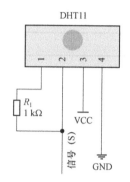

图 12-44　DHT11 数字温湿度传感器电路原理

12.16.2　DHT11 数字温湿度传感器应用示例

设计图 12-45 所示的示例电路，数字温湿度传感器共引出 3 个引脚，分别是地线 GND、电源 VCC 和数据线 S。实际应用时，将 S 端接在 Arduino Uno 开发板的一个数字输入口，接线说明见表 12-28。

表 12-28　Arduino Uno 开发板与 DHT11 数字温湿度传感器接线说明

序号	Arduino Uno 开发板引脚	DHT11 数字温湿度传感器引脚
1	D8	S
2	5 V	VCC
3	GND	GND

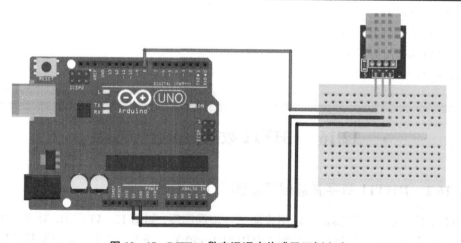

图 12-45　DHT11 数字温湿度传感器示例电路

在编写DHT11数字温湿度传感器读取数据的示例程序前，先下载DHT库文件在Arduino中导入。具体程序代码如下：

```
// 引入 DHT 库文件，如果没有，先从网上下载好，在 Arduino 中导入
#include <dht11.h>
dht11 DHT11;
#define DHT11PIN 8     // 设置 DHT 引脚 为 Pin 8
void setup() {
  Serial.begin(9 600);
  Serial.println("DHT11 TEST PROGRAM");
  Serial.print("LIBRARY");
  Serial.println(DHT11LIB_VERSION);    // 输出 DHT 库的版本号
  Serial.println();
}
void loop() {
  Serial.println("\n");
  int chk = DHT11.read(DHT11PIN);
  // 测试 DHT 是否正确连接
  Serial.print("Read sensor: ");
  switch (chk)
  {
    case DHTLIB_OK:
    Serial.println("OK");
    break;
    case DHTLIB_ERROR_CHECKSUM:
    Serial.println("Checksum error");
    break;
    case DHTLIB_ERROR_TIMEOUT:
    Serial.println("Time out error");
    break;
    default:
    Serial.println("Unknown error");
    break;
  }
  // 获取测量数据
  Serial.print("Humidity (%): ");
  Serial.println((float)DHT11.humidity, 2);
  Serial.print("Temperature℃): ");
  Serial.println((float)DHT11.temperature, 2);
  delay(2 000);
}
```

12.17 MQ-2 烟雾传感器

12.17.1 MQ-2 烟雾传感器的工作原理

MQ 系列传感器广泛应用于家庭或工厂的气体泄露监测。MQ-2 烟雾传感器是基于 QM-NG1 探头的广谱性气体传感器，如图 12-46 所示，对应的电路原理如图 12-47 所示。MQ-2 烟雾传感器对各种可燃性气体（如氢气、液化石油气、一氧化碳、烷烃类气体等）、酒精、乙醚、汽油、烟雾以及多种有毒气体具有高度的敏感性。MQ-2 烟雾传感器使用的气敏材料是在清洁空气中电导率较低的二氧化锡。当传感器所处环境中存在可燃气体时，传感器的电导率会随空气中可燃气体浓度的增加而增大。使用简单的电路即可将电导率的变化转换为与该气体浓度相对应的输出信号。

图 12-46 MQ-2 烟雾传感器

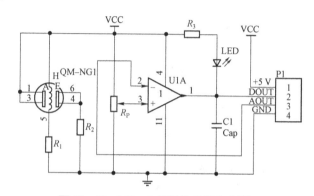

图 12-47 MQ-2 烟雾传感器电路原理

12.17.2 MQ-2 烟雾传感器应用示例

如图 12-46 所示，MQ-2 烟雾传感器共引出 4 个引脚，分别是地线 GND、电源 VCC、数字输出口 D0 和模拟输出口 A0。

MQ-2 烟雾传感器提供了两种输出方式：

（1）数字量输出：通过板载电位器设定浓度阈值，当检测到环境气体浓度超过阈值时，通过数字引脚 D0 输出低电平。

（2）模拟量输出：浓度越高，引脚 A0 输出的电压值越高，通过模数转换器采集的模拟值越大。

实际应用时，将 MQ-2 烟雾传感器的模拟输出口 A0 端接在 Arduino Uno 开发板的一个模拟口，接线说明见表 12-29。

表 12-29 Arduino Uno 开发板与 MQ-2 烟雾传感器接线说明

序号	Arduino Uno 开发板引脚	MQ-2 烟雾传感器引脚
1	A0	A0
2	5 V	VCC
3	GND	GND

示例程序代码如下：

```
void setup()
{
  Serial.begin(9 600);
}
void loop()
{
  int val;
  val=analogRead(0);
  Serial.println(val,DEC);
  delay(100);
}
```

第 13 章

短距离无线通信技术

13.1　短距离无线通信技术简介

短距离无线通信技术可以广泛应用于人体〔体域网（Wireless Body Area Network，WBAN）〕、车辆〔车联网（Internet of Vehicles，IoV）〕、物体〔物联网（Internet of Things，IoT）〕。短距离无线通信技术是指作用距离在毫米级到千米级的局部范围内的无线通信技术，通信速率为数千比特每秒到数吉比特每秒，通信模式可以为点对点〔红外（The Infrared Data Association，IrDA）〕、点对多点〔蓝牙（Bluetooth）〕、网状（ZigBee）等，通信介质可以为红外线、可见光、微波等。短距离无线通信技术的发射功率较低，一般小于 100 mW，工作频率多为免付费、免申请的全球通用的工业、科学、医学（Industrial Scientific Medical，ISM）频段，具有低成本、低功耗、小型化、移动性和对等通信等特征和优势。

常见的短距离无线通信技术有蓝牙、WiFi、红外、ZigBee、近场通信（Near Field Communication，NFC）、超带宽（Ultra Wide Band，UWB）、可见光通信（Visible Light Communication，VLC）等，这些技术的通信距离和通信速率对比如图 13-1 所示。

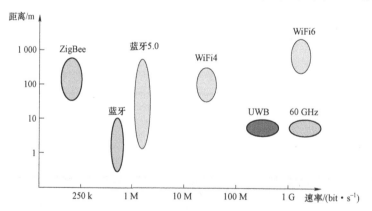

图 13-1　几种常见短距离无线通信技术的通信距离和速率对比

13.1.1　ZigBee 简介

ZigBee 的名称来源于蜂群用于生存和发展的交流方式，主要用于距离短、传输速率不高且功耗低的各种电子设备之间，数据传输速率不高，基本速率为 250 kb/s 左右，通信距离可以达到几百米，并且可以通过自组织网的方式扩展通信距离和范围。ZigBee 使用 2.4 GHz ISM 频段和跳频技术。ZigBee 比蓝牙简单，速率、功耗和成本低。

13.1.2　蓝牙简介

蓝牙是一种低成本的、支持设备间短距离通信的无线传输技术，能在包括移动电话、无线耳机、笔记本电脑及相关外设等众多设备之间以及工业生产中进行无线信息交换。利用蓝牙技术，能够有效地简化移动通信终端设备之间的通信，也能够成功地简化设备与互联网之间的通信，从而使数据传输变得更加迅速高效。蓝牙采用分散式网络结构以及快跳频和短包技术，支持点对点及点对多点通信，工作在全球通用的 2.4 GHz 频段，采用时分双工传输方案实现全双工传输。

蓝牙 4.0 版本的数据速率为 1 Mb/s，通信距离为 10 m 左右。2016 年 6 月 16 日，蓝牙技术联盟（Bluetooth Special Interest Group）发布的蓝牙 5.0 版本的数据速率接近 2 Mb/s，通信距离可达 300 m，针对物联网进行底层优化，并添加更多导航功能，结合 5 G/WiFi 可实现精度小于 1 m 的室内高精度定位。2019 年 1 月 21 日，蓝牙技术联盟发布蓝牙 5.1 版本，取代 WiFi 的辅助定位角色，为需要 GPS 等位置服务的场景助力，包括确定距离甚至精确位置，定位精度可达厘米级，在室内导航、快速找寻手环/遥控板等情景中发挥重要作用。2020 年 1 月 15 日，蓝牙技术联盟发布蓝牙 5.2 版本，关键核心技术为增强版 ATT（Attribute Protocol，属性协议）、LE（Low Energy，低功耗）功率控制、LE 同步通道，更专注于室内定位功能，正式导入寻向功能（Direction Finding）且辅以新寻向技术 AOA（Angle of Arrival，入射角度）与 AOD（Angle of Departure，发射角度）以探测设备方位，进一步提升蓝牙技术在物联网中的地位。

目前手机、平板电脑、PC 等都支持蓝牙功能，蓝牙其在民用领域的使用非常广泛。蓝牙与 Arduino 结合可广泛应用于物联网、智能家居和智能玩具等领域，实现近、远距离的联网与控制。

13.1.3　WiFi 简介

WiFi 全称 Wireless Fidelity，意思是无线保真，几乎所有智能手机、平板电脑和笔记本电脑都支持 WiFi 上网，WiFi 是当今使用最广泛的一种无线网络传输技术。

WiFi 基于 IEEE 802.11 无线局域网通信标准，该标准目前已经衍生出 a、b、g、n、ac、ax 六代，其中 802.11n 对应 WiFi 4，802.11ac 对应的 WiFi 5 是目前广泛普及应用的技术。WiFi 使用的是 2.4 GHz 附近的频段。它的最大优点是传输速度较高。WiFi 4 的传输吞吐量为 150 Mb/s，WiFi 6 的传输吞吐量可达 9.6 Gb/s，代数越高，带宽越大，支持并发数越多、时延越小、功耗越底。在信号较弱或有干扰的情况下，带宽可自动调整，以降低速率，有效地保障了网络的稳定性和可靠性。WiFi 的主要特性是：传输速度快；可靠性高；在开放性区域，使用大功率平板天线时，传输距离可达数十千米，在封闭性区域，通信距离也能达到数百米（和发射功率有关）。WiFi 可与有线以太网络更便捷地整合，组网成本更低。

WiFi 与 Arduino 结合可广泛应用于物联网、智能家居和智能玩具等领域，实现近、远距离的联网与控制。

13.2 HC-05 蓝牙传输模块

13.2.1 蓝牙的模式和系统构成

蓝牙标准中规定了在连接状态下有保持模式（HoldMode）、呼吸模式（SniffMode）和休眠模式（ParkMode）3 种电源节能模式，再加上正常的活动模式（ActiveMode），一个使用电源管理的蓝牙设备可以处于这 4 种状态并可进行切换。它们按照电能损耗由高到低的排列顺序为：活动模式、呼吸模式、保持模式、休眠模式，其中，休眠模式节能效率最高。蓝牙技术的出现为各种移动设备和外围设备之间的低功耗、低成本、短距离的无线连接提供了有效途径。

蓝牙系统一般由天线单元、链路控制器（Link Controller，LC）（硬件）、链路管理（Link Management，LM）（软件）和蓝牙软件（协议）等 4 个功能模块组成，如图 13-2 所示。天线单元体积小巧，属于微带天线。链路控制器包括 3 个集成芯片：连接控制器、基带处理器以及射频传输/接收器。链路管理包括：发送和接收数据、请求名称、链路地址查询、建立连接、鉴权、链路模式协商和建立、决定帧类型等。

图 13-2 蓝牙系统组成模块

13.2.2 HC-05 蓝牙模块的使用

1. HC-05 蓝牙模块简介

本书采用的 HC-05 蓝牙模块集成了英国 CSR 公司（Cambridge Silicon Radio，英国蓝牙芯片制造商）制造的主流蓝牙芯片，并遵循蓝牙 V2.0 规范。该模块支持接口丰富，具有成本低、体积小、功耗低、收发灵敏性高等优点，只需配备少许外围元件就能实现强大功能。HC-05 蓝牙模块正面如图 13-3 所示，引脚如图 13-4 所示。

图 13-3 HC-05 蓝牙模块正面   图 13-4 HC-05 蓝牙模块引脚

HC-05 蓝牙模块和市场上常见的蓝牙模块的对比见表 13-1。

表 13-1　HC-05 蓝牙模块和市场上常见的蓝牙模块的对比

功能	BC04-B	BC04-A	SPP-A	HC-05	HC-06	HC-09
工作模式	主从可切换	从模式	从模式	主从可切换	从模式	从模式
电源/V	3.3	3.3	3.3	3.3	3.3	3.3
软件主从设置	√	—	—	√	—	—
硬件主从配置	√	—	—	—	—	—
工作电流/mA	2～10	2～10	2～10	30～40	30～40	30～40

HC-05 蓝牙模块的具体参数如下：

（1）蓝牙 V2.0 协议标准。

（2）支持主从一体。

（3）支持软、硬件控制主从模块。

（4）输入电压为 3.6～6 V，禁止超过 7 V。

（5）支持波特率为 1 200 bit/s、2 400 bit/s、4 800 bit/s、9 600 bit/s、19 200 bit/s、38 400 bit/s、57 600 bit/s、115 200 bit/s，串口缺省波特率为 9 600 bit/s。

（6）带连接状态指示灯，LED 灯快闪表示没有蓝牙连接；LED 灯慢闪表示进入 AT 命令模式。

（7）板载 3.3 V 稳压芯片，输入电压为直流 3.6～6 V；未配对时，电流约为 30 mA；配对成功后电流约为 10 mA。

（8）可与蓝牙笔记本电脑、电脑加蓝牙适配器等设备进行无缝连接。

HC-05 蓝牙模块具有两种工作模式：命令响应工作模式和自动连接工作模式。在自动连接工作模式下又可分为主（Master）、从（Slave）和回环（Loopback）3 种工作模式。当 HC-05 蓝牙模块处于自动连接工作模式时，将自动根据事先设定的方式连接并进行数据传输；当 HC-05 蓝牙模块处于命令响应工作模式时，执行 AT 命令，用户可向 HC-05 蓝牙模块发送各种 AT 指令，为 HC-05 蓝牙模块设定控制参数或发布控制命令。通过控制模块外部引脚（PI011）输入电平，可实现 HC-05 蓝牙模块工作状态的动态转换。

HC-05 蓝牙模块各引脚的名称和定义见表 13-2。

表 13-2　HC-05 蓝牙模块各引脚的名称和定义

序号	名称	定义
1	KEY/EN	设置工作模式： （1）工作模式：自动连接（automatic connection）； （2）AT 指令设置模式：命令回应（order-response）
2	VCC	5 V 输入

序号	名称	定义
3	GND	接地
4	RX	URAT 输入口（TTL 电平），接单片机 TXD
5	TX	URAT 输出口（TTL 电平），接单片机 RXD
6	STATE	软/硬件主从设置口：置低（或悬空）为硬件设置主从模式，置 3.3 V 高电平为软件设置主从模式

2. 常用 AT 指令设置

新的蓝牙模块必须在配置设备名称、配对码和波特率之后才能正常使用。常用 AT 指令如下：

```
AT+ORGL：恢复出厂模式；

AT+NAME=<Name>：设置蓝牙名称；

AT+ROLE=0：设置蓝牙为从模式；

AT+CMODE=1：设置蓝牙为任意设备连接模式；

AT+PSWD=<Pwd>：设置蓝牙匹配密码；

AT+VERSION?：查看版本信息；

AT+ADDR?：查看蓝牙地址；

AT+UART?：查看串口参数；

AT：查看连接；

AT+ROLE：设置主从模式（"1"为主模式，"0"为从模式）；

AT+RESET：重置和退出 AT 模式。
```

13.2.3 Arduino Uno 开发板通过 HC-05 蓝牙模块与手机连接测试示例

按照图 13-5 所示连接好 Arduino Uno 开发板和 HC-05 蓝牙模块，接线说明见表 13-3。

表 13-3 Arduino Uno 开发板与 HC-05 蓝牙模块接线说明

序号	Arduino Uno 开发板引脚	HC-05 蓝牙模块引脚
1	D8	TX
2	D9	RX
3	5 V	VCC
4	GND	GND
5	3.3 V	KEY/EN

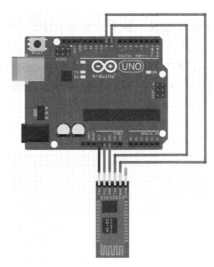

图 13-5　Arduino Uno 开发板与 HC-05 蓝牙模块连接测试电路

在编写 HC-05 蓝牙模块示例程序前，先下载 SoftwareSerial 库文件在 Arduino 中导入。具体程序代码如下：

```
// 引入 SoftwareSerial 库文件，如果没有，先从网上下载好，在 Arduino 中导入
#include <SoftwareSerial.h>    // 引用库
//定义蓝牙模块引脚
SoftwareSerial BT(8, 9); // HC-05 蓝牙模块发送脚与 D8 接口连接，HC-05 蓝牙模块接收脚
与 D9 接口连接
char val;  // 存储接收的数据
void setup() {
        Serial.begin(9 600);
        Serial.println("BT is ready!");
        // 如果是 HC-06，改成 38 400；
        BT.begin(9 600);
}
void loop() {
        // 把串口监视器接收到的数据发送给 HC-05 蓝牙模块
        if(Serial.available()) {
                val = Serial.read();
                BT.print(val);
        }
        // 把 HC-05 蓝牙模块接收到的数据发送到串口监视器
        if(BT.available()) {
                val = BT.read();
                Serial.print(val);
        }
}
```

把程序上传到 Arduino Uno 开发板，按下"reset"按钮，此时 HC-05 蓝牙模块进入 AT 模式。进入 AT 模式后，可以在串口监视器中输入 AT 指令，修改 HC-05 蓝牙模块的设置。打开监视器串口，输入 AT 指令"AT+NAME="MyBlueteeth""，该指令命名蓝牙设备为"MyBlueteeth"，串口监视器返回"OK"，说明命名成功，如图 13-6 所示。

图 13-6　输入 AT 指令命名蓝牙设备

在串口监视器输入"AT+PSWD="123456""，设置蓝牙设备配对密码为"123456"，串口监视器返回"OK"说明修改密码成功，如图 13-7 所示。

图 13-7　输入 AT 指令设置蓝牙配对密码

断开 KEY/EN 的跳线，按下"reset"按钮，此时蓝牙设备进入工作模式，下载蓝牙串口助手，打开进入搜索页面，如图 13-8 所示。

图 13-8　手机蓝牙串口助手搜索页面

选择"MyBlueteeth"，单击"连接设备"选项，输入配对密码"123456"，完成连接。连接完成后选择命令行模式，输入"Hello World"单击"发送"按钮。此时打开串口监视器串口，可以看到刚才发送的数据"Hello World"，如图 13-9 所示。

图 13-9　串口监视器接收到数据

第 14 章

综合开发案例：家庭儿童自助视力检测

14.1 家庭儿童自助视力检测项目简介

儿童时期是晶状体发育最迅速的时期，儿童时期不好的用眼习惯很可能导致严重的后果，因此从小关注儿童的视力水平非常重要。目前检测视力需要专业医师，且需两个人的相互配合完成。为了方便家长能够居家随时检测视力，该项目设计并实现了一款可以由用户独立完成的儿童视力测试产品，如图 14-1 所示。其基于国际标准视力检测原理进行视力判断的算法设计，通过 Arduino Uno 开发板、RB-02S102 红外手势传感器、HC-SR04 超声波测距传感器等硬件的协同，配合 Qt（图形用户界面应用程序开发框架）开发出高度封装的 exe 应用程序。可根据显示屏的规格和用户的年龄选择视力表。开始测试时，首先利用 HC-SR04 超声波测距传感器判断用户检测视力的距离是否满足要求，然后从大到小在屏幕上显示视力表上的某个"E"字母，利用 RB-02S102 红外手势传感器识别用户判定视力表的方向是否正确，直至用户连续判定错误为止，从而给出用户视力值。该项目是一款针对青少年儿童视力检测、视力问题预防、视力健康情况跟踪而设计的智能产品。它有一套对用户友好的操作界面，能够在青少年儿童独立自主的操作下在短时间内准确检测出视力健康情况，并能让家长实时记录检测结果以及跟踪历史检查情况，从而及时有效地把控儿童的视力变化。

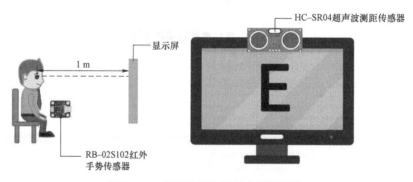

图 14-1 家庭儿童自助视力检测示意

14.2 总方案设计

总方案设计如图 14-2 所示。

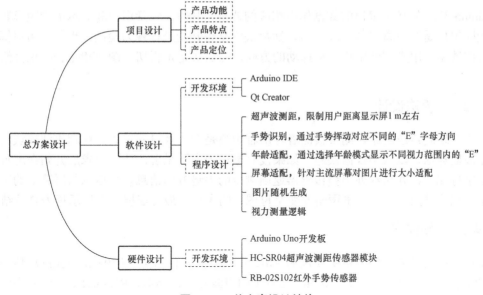

图 14-2　总方案设计结构

14.2.1　项目设计

1. 产品功能

本产品旨在帮助儿童独立自主地完成视力检测，节省一直以来只能两个人才能完成的视力检测所耗费的人力、物力和时间，让用户无须外出到眼镜店或者医院，在家里就能在短时间内完成视力的自助检测。

2. 产品特点

（1）年龄适配：由于 3～6 岁的儿童的视力有差异，本产品针对不同年龄段的儿童在视力表上作了相应调整，并配以对应的音频提示，实现对儿童更友好的交互。

（2）屏幕适配：本产品能够对现在主流电脑的显示屏进行适配，避免图片的显示造成视力测试结果的误差。

（3）降低空间需求：用户测试视力的距离缩短至 1 m。

（4）保存用户信息：在视力测试结束后，用户可根据自己的需求决定是否将自己的视力信息导出至本地，以便日后观察自己的视力变化。

3. 产品定位

本产品设计面向大部分非特殊视力条件群众，特别是近视的儿童，目的是完成对用户的远视力情况筛查，预警用户视力情况变化。

14.2.2　软件设计

基于 Arduino IDE 编写的程序主要是获取传感器采集的数据，通过超声波测距传感器获取用户和显示屏的距离数据；通过红外手势传感器获取用户手势挥动的方向数据，并将这些数据发送至串口，等待 Qt Creator 接受并处理。

基于 Qt Creator 编写的程序主要实现年龄适配、屏幕适配、音频播放等功能，并通过读取 Arduino IDE 发送至串口的数据作出相应的调整。其中,包括用户和显示屏的距离数据,用来判断用户是否距离屏幕 1 m 左右,然后决定是否开始进行视力检测;也包括用户挥动手势的方向数据,用来判断用户手势挥动的方向,然后决定是否切换图片和是否结束并给出视力数据。

14.2.3 算法设计

首先实现超声波测距,测量被测者与屏幕距离是否达到 1 m,并且在超声波模块代码中加入滤波器算法,以减小数据误差,如果没有则视力表不呈现;达到要求后开始在屏幕上随机出现字母图片,并从红外手势传感器返回测得的手势方向信息,将信息与屏幕上的字母朝向匹配,记录结果,根据测量逻辑改变字母图片的大小,最终在屏幕上显示视力测量结果。

14.2.4 硬件设计

本产品所用到的硬件模块主要包括 Arduino Uno 开发板、HC-SR04 超声波测距传感器与 RB-02S102 红外手势传感器。将 HC-SR04 超声波测距传感器、RB-02S102 红外手势传感器采集的数据发送到 Arduino Uno 开发板串口。HC-SR04 超声波测距传感器实时采集用户与显示屏之间的距离。RB-02S102 红外手势传感器采集用户挥动手势方向的数据。

14.3 技 术 架 构

家庭儿童自助视力检测技术架构分为硬件层、传输层、软件层,其中软件层包含数据层、应用层和 UI 层,如图 14-3 所示。

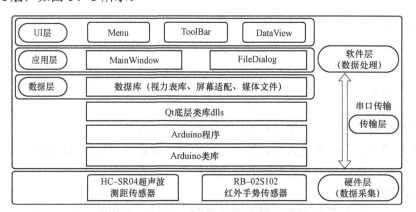

图 14-3 家庭儿童自助视力检测技术架构

1. 硬件层

最底层是硬件层,主要功能是采集用户数据。硬件层主要包括 HC-SR04 超声波测距传感器、RB-02S102 红外手势传感器,以及 Arduino 基本硬件和电路支持,它们都是采集基本数据的核心器件。

其中 HC-SR04 超声波测距传感器主要负责读取距离,测量被测者与屏幕的距离是否达到 1 m,并且在 HC-SR04 超声波测距模块代码中加入滤波器算法,减小数据误差。RB-02S102 红外手势传感器在用户测视力的过程中读取人的手势并和 Qt Creator 的界面程序作交互,配合完成程序的业务逻辑。

Arduino 基本硬件和电路支持，可以完成电路和电脑的连接，将 HC-SR04 超声波测距传感器、RB-02S102 红外手势传感器所采集的数据传输到到电脑。

2. 传输层

硬件层的上面一层是传输层，对数据进行处理。该项目使用到一些 Arduino 的库函数和扩展库，如 DistanceSRF04 扩展库用来支持 HC-SR04 超声波测距模块部分的滤波器函数和数据传输，ALS_APDS_9960 扩展库主要用于 RB-02S102 红外手势传感器的手势识别和区分，返回上、下、左、右中的某一个结果。Arduino IDE 将返回的结果通过程序发送到串口。

在传输层中，Qt Creator 通过程序连接 Arduino IDE 发送数据的串口并读取串口内数据。使用 Qt 自带的一些类库和 dll，包括 QSerialPortInfo 类和 QSerialPort 类，前者用于读取可用串口的信息和属性，后者用于连接串口并读取 Arduino IDE 发送到串口的数据。

3. 软件层

在数据层中，实现存储视力测试图片、屏幕适配数据、UI 设计图片和音频文件。关于视力测试图片，该项目根据测视力的基本原理计算出了不同行对应的视力值和字母"E"的大小，并将每一行的"E"字做了 4 个方向，事先存在电脑中，作为图片的数据库。关于屏幕适配数据，为了保证同一张图片中的"E"字母在不同的屏幕中显示的真实尺寸是一样的，该项目搜集了目前主流笔记本电脑和台式计算机的显示屏的分辨率和尺寸数据，然后根据公式计算每英寸[①]点数（Dots Per Inch，DPI），以及"E"字母图片在显示屏所占的像素数。关于 UI 设计图片和音频文件，为了让界面倾向于儿童风格，特地呈现了一些卡通图片，以及一些针对视力测试结果的提示音频。

应用层包括实现整体功能的 MainWindow 类和导出测试结果到 txt 文件的 FileDialog 类。前者将用户能使用到的所有功能囊括在内，后者主要呈现给用户保存测试结果到 txt 文件中的提示信息，以便用户日后复查。

UI 层包括 Menu 类、ToolBar 类和 DataView 类。Menu 类主要呈现给用户选项、文件等功能。Toolbar 类主要呈现给用户开始按钮、串口选择、年龄选择、屏幕尺寸选择以及相关提示信息。DataView 类显示提示语、视力表图片和一些儿童风格的图片。该层的主要功能在于根据用户的手势是否符合图片的"E"字母方向来决定图片的切换或者测试结果的显示。

在整个技术架构之中，硬件和软件的数据层主要产生或者存储整个逻辑过程中的数据，Arduino IDE 和 Qt Creator 之间通过传输层传输数据，作为硬件和软件之间的桥梁，数据层是获取数据、媒体采集的核心层，应用层和 UI 层主要负责用户和软件的直接交互。

该项目的算法主要在软件层，Arduino 程序的算法主要是减少一些数据误差和产生结果，并通过传输层传送给 Qt Creator，由数据层和应用层进行后续处理。而 UI 层的算法主要实现图片的正确展示和切换，最后给出正确结果。

14.4　模块组成

视力测试装置共由硬件和软件两大部分组成，如图 14-4 所示，硬件部分主要由 HC-SR04

---

① 1 英寸 = 0.025 4 米。

超声波测距传感器和 RB-02S102 红外手势传感器组成，软件部分主要由基于 Qt 平台开发的可安装程序组成。

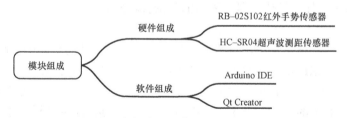

图 14-4　家庭儿童自助视力检测重要软、硬件模块组成

1. HC-SR04 超声波测距传感器

超声波作为一种声波，与一般声波相比频率高、波长短，所以衍射低，拘束性好，能量衰减也更少，传播距离更长。超声波在一个标准大气压下、15 ℃的空气中传播速度为 340 m/s。超声波在传播过程中遇到障碍物时，发生反射、衍射，所以测量发出超声波和接收到回声的时间差就能估算出声音传播的距离。

HC-SR04 超声波测距传感器基于超声波遇到障碍物反射的原理（如图 14-5 所示），不断向一定角度范围内的物体发射连续的脉冲信号，接收到反射的信号之后通过计算时间进一步计算出距离，从而判断障碍物和传感器之间的距离。基于此原理，设计 HC-SR04 超声波测距传感器用于检测用户，即视力被测者和电脑屏幕的距离，以此保证视力测试距离的准确性。

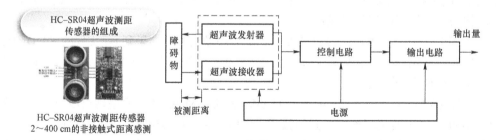

图 14-5　超声波测距原理

2. RB-02S102 红外手势传感器

RB-02S102 红外手势传感器基于人体手势的不同方向和动作引起红外场的变化的基本原理，通过检测红外场的变化情况判断手势的方向和幅度。基于此原理，设计 RB-02S102 红外手势传感器作为用户在测试视力的过程中和电脑交互的主要手段，在距离给定的情况下，通过对屏幕上显示的 "E" 字母的方向进行判断，然后通过 RB-02S102 红外手势传感器传入数据，留待软件部分给出进一步的分析。

14.5　实　现　步　骤

14.5.1　建立视力表库

测量实验屏幕的大小，最终确定可容纳的远视力视力表行数为 13 行，并确定最终 "E"

字母在中心线的位置排列。

使用绘图软件 AI 和 Photoshop 根据以上参数绘制相应的图片，以"A"～"M"字母命名远视力视力表的 1～13 行，其中 11 行是标准 5.0 视力处，用户在测视力时需要和 5.0 视力处水平线对齐，以数字 2、4、6、8 分别代表"E"字母缺口朝向下、左、右、上 4 个方向，图片命名格式为"字母+数字"，这样只要通过行数字母和方向数字就可以提取出实验需要用到的远视力视力表对应行对应缺口方向的图片，也可以获得正确的手势姿势，用于将后面程序获得的用户数据和真实数据作出对比。

13 行"E"字母中，每行"E"字母有 4 个方向，共需要 52 张图，每张图放置一个"E"字母，如图 14-6 所示。

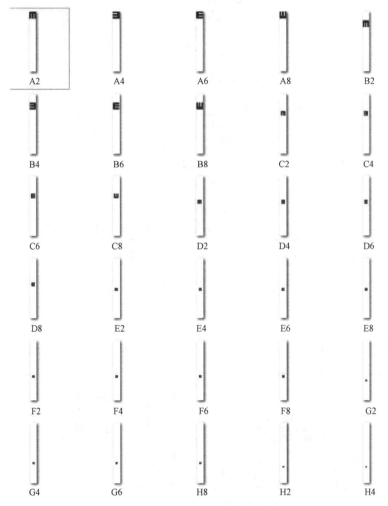

图 14-6　视力表库（部分）示意

14.5.2　实现 Arduino 与 Qt 的串口通信

调用 Qt 自带的 QtSerialPort/QSerialPortInfo 类的相关函数，并将串口通信的协议与 Arduino 对接一致，即可较好地完成 Arduino 与 Qt 之间的串口通信。

14.5.3 核心算法开发

1. 检测视力算法流程

检测视力算法流程如图 14-7 所示。

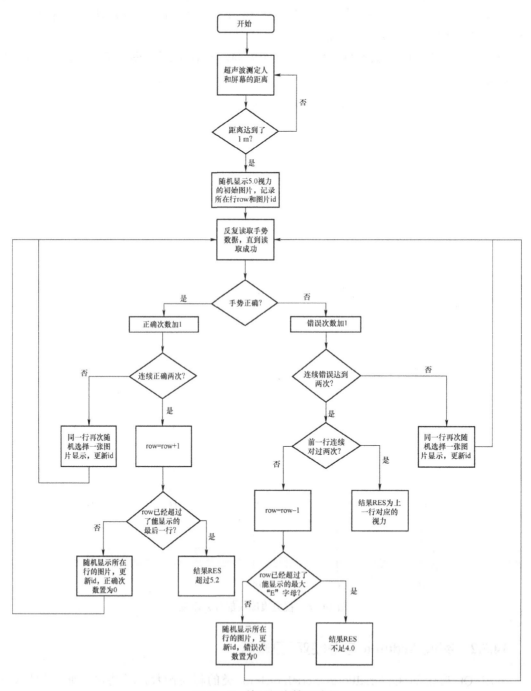

图 14-7 检测视力算法流程

检测视力算法流程的第一步是按照该项目计算得到的尺寸制作图片。该项目用字母 "A"～"M"标记当前 "E"字母所在的行，用数字 2、4、6、8 分别表示这个 "E"字母的正确朝向，便于后续读到手势之后进行比较，判断对错。该项目设置变量 row 表示所在的行，它将和字母 "A"～"M"的 ASCII 码联系起来，控制行标号的变化。设置变量 picid 记录正确朝向，和手势进行比较。

在判定人和屏幕的距离是否达到要求的 1 m 时，需使用串口通信，实时接收 Arduino 发送的信号，一旦 Arduino 判定距离合适就会发送信号给程序。该项目使用简单的循环算法，不断读取串口的数据。循环读取进行的条件是没有读取任何数据或者读取的数据不是 2、4、6、8 中的任何一个，这样相当于排除了一些非法格式的数据。读取正确格式的数据之后就进行下面的程序。

对于核心部分的程序，该项目使用若干标记变量，如 WRONGTIME、RIGHTTIME、RIGHTEVER 等，分成不同的情况体现在 if-else 代码块中，对错误的次数、正确的次数和是否存在过正确的情况分别用上述 3 个变量标记，在不同的情况下进行更新或者累加，再根据处理的结果决定是否跳出循环和给出用户什么样的结果。

在边界处理方面，该项目在行数进行加 1 和减 1 时都会进行溢出的判断，即是否超过图片行数的范围，根据判断结果决定是否继续或直接给出结果。

2. Arduino 部分算法逻辑介绍

该项目 Arduino 部分的算法流程如图 14-8 所示，该部分程序可以直接事先烧录到 Arduino Uno 开发板板中，只要按下重置按钮就可以反复从头执行，而不必反复烧录。

硬件部分需将 USB 的一端连接在电脑的某个端口上并保证连接正常，按下重置按钮，程序将从头开始运行。

第一部分是超声波测距传感器主要工作，红外手势传感器暂时不工作。超声波测距传感器向一定角度范围内连续发射固定频率的信号，根据接收到的信号的时间间隔计算出物体距离，判断距离是否在指定的范围内，如果不在指定范围内，说明人还没有达到或者已经超出了指定的范围，这时测试的示例结果一定是不准确、没有任何意义的，故超声波测距传感器只是向串口发送距离数据，提醒用户继续调整，并继续计算距离。如果某一次计算出的距离在该项目设定好的范围内，那么向串口发送距离数据的同时加入一个字符串 "true"，提示用户可以开始，此时转入第二部分。

第二部分中超声波测距传感器不再工作，只是红外手势传感器不断向串口发送识别到的手势数据，其中 "2"表示向下，"8"表示向上，"4"表

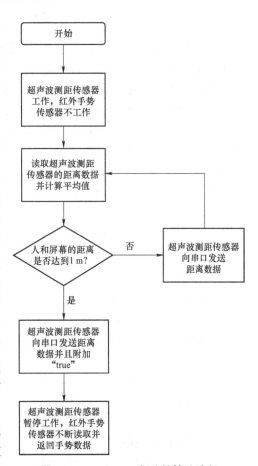

图 14-8　Arduino 部分的算法流程

示向左,"6"表示向右,Arduino 部分的程序到此进入循环,只有红外手势传感器在识别到数据的情况下向串口发送"2""4""6""8"中的某一个数据。

3. 测距滤波器处理的算法实现

测距滤波器处理的算法是连续取 N 个采样值进行算术平均运算:

N 值较大时,信号平滑度较高,但灵敏度较低;

N 值较小时,信号平滑度较低,但灵敏度较高;

N 值的选取:一般流量选择 $N=12$。

测距滤波器代码实现如图 14-9 所示。

```
#define FILTER_N 12.0
double Filter() {
  int i;
  double filter_sum = 0.0;
  for(i = 0; i < FILTER_N; i++) {
    filter_sum += distanceSRF04.getDistanceCentimeter();
    delay(1);
  }
  return (double)(filter_sum / FILTER_N);
}
```

图 14-9　测距滤波器代码实现

该算法适用于对一般具有随机干扰的信号进行滤波。当测试者移动时,滤波之后的数据会比较平稳地变化;当测试者站定时,数据在某一数值范围附近上下波动,滤波取平均值之后就会忽略微小的变化,从而提示测试者开始进行视力检测。但是,这种算法对于物体速度较慢实时的控制不适用,而且比较浪费 RAM。

在编写 Arduino 程序前,先下载 ALS_APDS9960、Wire、DistanceSRF04 库文件在 Arduino 中导入。具体程序代码如下:

```
// 引入 ALS_APDS9960、Wire、DistanceSRF04 库文件
#include <ALS_APDS9960.h>
#include <Wire.h>
#include <DistanceSRF04.h>


// 超声波变量定义
const int RLEDPin=12;
const int GLEDPin=11;
const int BuzzerPin=13;
double Filter_Distance;
double Distance1;
DistanceSRF04 distanceSRF04;

// 红外手势传感器变量定义
ALS_APDS9960 apds = ALS_APDS9960();
```

```
int isr_flag = 0;

boolean ControlUltrasonic = true;
boolean ControlGesture = false;
boolean PhaseBegin = true;
boolean PhaseAfter = false;

String resUltrasonic = "";
String resGesture = "";

void setup()
{
    Serial.begin(9 600);
    // 超声波测距传感器变量初始化
    distanceSRF04.begin();
    pinMode(RLEDPin,OUTPUT);
    pinMode(GLEDPin,OUTPUT);
    pinMode(BuzzerPin,OUTPUT);
    for(int i=5;i<=11;i++)
    {
       pinMode(i, OUTPUT);
    }
    randomSeed(analogRead(0));
    Distance1=distanceSRF04.getDistanceCentimeter();

    // 红外手势传感器变量初始化
      if ( apds.init() ) {
  } else {
  }
  if ( apds.enableGestureSensor(true) ) {
  } else {
  }
}
void loop()
{
    if( PhaseBegin == true)
    {
    //begin phase
```

```
    if( ControlUltrasonic == true)
    {
    //ultrasonic part
    Filter_Distance=Filter();
    Distance1=Filter_Distance;
    //delay(1 000);
    if(distanceSRF04.isFarther(110))
    {
      distanceSRF04.apparel(distanceSRF04.getDistanceCentimeter());
      //float hz=distanceSRF04.getDistanceCentimeter()/10.0;
      digitalWrite(BuzzerPin,HIGH);
      digitalWrite(RLEDPin,HIGH);
      digitalWrite(GLEDPin,LOW);
      Serial.print(distanceSRF04.getDistanceCentimeter());
    }
      else if(distanceSRF04.isFarther(90)&&distanceSRF04.isCloser(110))
    {
    digitalWrite(BuzzerPin,LOW);
    digitalWrite(RLEDPin,LOW);
    digitalWrite(GLEDPin,HIGH);

    Serial.print(distanceSRF04.getDistanceCentimeter());
    Serial.print("true");
    //ready to begin
    ControlUltrasonic = false;
    ControlGesture = true;
    }
    }
    if( ControlGesture == true)
    {
        handleGesture();
    }
  }
}

#define FILTER_N 12.0
double Filter() {
  int i;
  double filter_sum = 0.0;
```

```
  for(i = 0; i < FILTER_N; i++) {
    filter_sum += distanceSRF04.getDistanceCentimeter();
    delay(1);
  }
  return (double)(filter_sum / FILTER_N);
}
void handleGesture() {
    if ( apds.isGestureAvailable() ) {
    switch ( apds.readGesture() ) {
      case DIR_UP:
        Serial.print('8');
        //Serial.print('\n');
        break;
      case DIR_DOWN:
        Serial.print('2');
        //Serial.print('\n');
        break;
      case DIR_LEFT:
        Serial.print('4');
        //Serial.print('\n');
        break;
      case DIR_RIGHT:
        Serial.print('6');
        //Serial.print('\n');
        break;
      default:
        break;
    }
  }
}
```

4. Qt 软件部分程序执行流程

Qt 软件部分程序执行流程如图 14-10 所示，具体代码见 14.4.8 节。

首先，程序开始，先播放 5 s 的启动界面，启动界面中包含软件的标题、版本号、版权信息等。

之后，程序分为三大板块，即视力测试逻辑板块、打开文件版块和退出板块。这三大板块相互之间没有先后顺序，根据用户单击区域和按钮的不同提供不同的响应内容。

在主要的视力测试逻辑板块中，程序会将年龄选择和屏幕尺寸的下拉框的选项默认设置为"未选择"，这样可以强迫用户必须进行选择，以适应不同年龄段和不同屏幕尺寸的实际需求。程序首先判断用户是否对年龄和屏幕规格均进行了选择，若有至少一项参数未被选择，程序会等待用户完成所有的选择，否则单击开始按钮会弹出警示框提示用户完成所有选择。

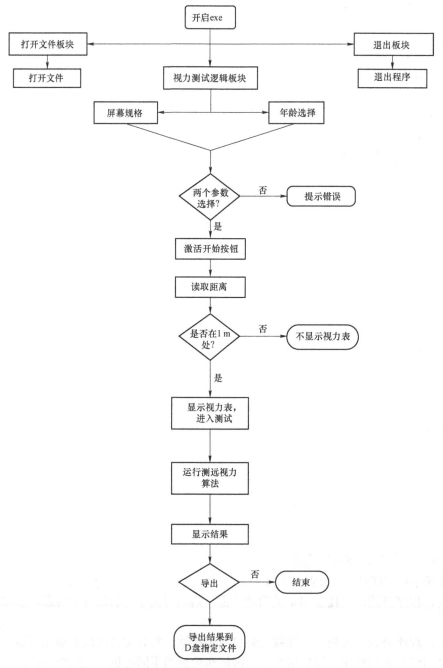

图14-10 Qt软件部分程序执行流程

当用户完成对年龄和屏幕规格的选择之后，单击开始按钮就会进入主要的逻辑部分。程序会首先打开端口，扫描所有存在并已经连接设备的端口，并添加到串口列表，显示在对应的区域上。直接开始扫描串口，设置回调函数不断获取串口数据。

一开始获取的是超声波测距传感器的距离数据，调用相关函数获取串口的数据之后，判断是否包含"true"字符串，如果不包含，说明距离不合适，就把这个距离放在距离的显示区域，继续读取；如果包含"true"字符串，那么就将此距离解析出来，作为最终距离显示在最上方的文本框之中，开始下一步处理。

判断距离数据合适之后，进入视力测试逻辑板块。首先从初始行对应的一行挑选出任意一张图片进行显示，根据图片的名称使用变量记录正确答案，同时，图片被展示在中间的对应区域，从串口不断读入数据，判断数据是否为"2""4""6""8"中的某一个，如果不是就很可能读到了异常数据，此时直接选择忽略，如果是以上数字的其中一个，就拿来和正确答案比对。设置记录正确次数和错误次数两个变量，如果用户给出的答案和正确答案匹配，说明正确，正确次数加 1，如果不匹配，说明错误，错误次数加 1。

正确次数加 1 之后会进行下一步判断，如果正确次数为 1，则在当前的行内再任意产生一个随机数挑选一张图片，展示在图片区域中，再进行有效数据的读取和筛选，判断用户的输入是否和当前的正确答案一致。错误次数加 1 之后会进行下一步判断，如果错误次数为 1，则同样在当前行中挑选一张图片进行下一次检测和判断。

只要错误次数不为 0，正确次数立即归 0，只要正确次数不为 0，错误次数立即归 0。

如果正确且正确次数为 2，则由当前行定位到下一行，错误次数归 0。如果下一行已经超出了该年龄段的上限，说明视力已经达到非常好的程度，无须继续测量，此时关闭串口，停止接收数据，汇总结果，等待用户进一步操作。

如果错误且错误次数为 2，则需进行较为复杂的判断。如果之前正确过，说明用户可以看到更大的字母，但是对这一行已经无能为力了，此时可以直接给出结果，关闭串口，汇总结果，等待用户进一步操作。如果并没有正确过，说明该项目给出的初始状态较高，用户暂时无法达到，需要逐渐降低难度，此时由当前行定位到上一行。

在每一次切换图片的时候，程序内置的播放器会播放换图的音效，一方面增加趣味性，另一方面提示用户上一次输入已经生效，避免用户在未知触发的情况下对实验结果盲目确信。在得出结果时，该项目也会根据得出结果的位置是视力正常甚至超常，或者视力比较糟糕的情况进行不同语音的播放。

在打开文件板块中，该项目根据用户是否单击打开文件按钮作出响应，弹出打开的对话框并根据用户指定的路径打开对应的文本文件，以显示出用户使用本产品的历史记录，让用户更好地了解自己的视力变化过程。

在退出板块中，用户可以直接单击退出按钮实现窗口关闭。

14.5.4　调研儿童视力范围，改进程序逻辑

为了使该产品真正适用于儿童视力检测，该项目结合某医院眼科医生的意见，对儿童的视力健康标准和视力范围进行了调研，并对该项目的程序逻辑进行相应改进。儿童视力范围资料如图 14-11 所示。

综合以上资料，为了让该项目每次的测量结果更加科学准确，该项目对本产品程序部分功能新建了一个年龄适配环境，用户可以在使用前选择孩子的年龄段，程序则会自动生成一套更适宜检查该年龄段儿童视力范围的视力表范围，如图 14-12 所示。

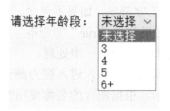

1 岁孩子在外界的光线刺激下视力发展得很
迅速，可以辨别物体的大小和形状，视力是
0.2～0.25；
2 岁孩子的视力发展得最为迅速，视力可以达
到 0.3～0.5；
3 岁孩子的视力一般为 0.5～0.6；
4 岁孩子的视力一般为 0.6～0.8；
5 岁孩子的视力一般为 0.8～1.0；
6 岁以后孩子的视力基本上达到成人的水平。

图 14-11　儿童视力范围资料　　　　　图 14-12　年龄段设置

14.5.5　调研市场主流设备屏幕参数，完成屏幕适配功能

为了节约产品成本并便于产品推广，该项目在本产品的显示设备上最终选择了家庭中比较常见的电脑屏幕，并且本产品的程序部分也主要在电脑上运行，因此为了防止电脑显示参数的不同对视力表的显示大小造成影响，该项目调研了市场上最主流的台式计算机以及笔记本电脑屏幕参数。该项目根据主流设备的屏幕参数进行分析计算，最终通过屏幕尺寸和分辨率将视力表在每一台设备屏幕上的显示大小固定，从而让测量结果更加科学准确，用户每次使用该产品之前，只需选择适合自己的设备屏幕参数，即可生成适用该屏幕大小的视力表。

14.5.6　软件界面 UI 设计

由于该项目的产品主要面向家长和儿童，因此在软件方面该项目的界面 UI 设计要更加简洁，对儿童更加友好。利用 Qt 强大的界面编辑功能，该项目比较成功地做到了这一点。

软件的开屏 Logo 采用卡通风格，配合鲜明的"家庭"标志（Family），如图 14-13 所示。

图 14-13　软件启动界面

在图片素材的选择上，该项目选择了卡通小熊作为程序中的引导形象，增添了趣味性，如图 14-14 所示。

图 14-14　卡通小熊

在最终的测试结果产生后，该项目设置了温和的女声语音提醒，提醒小朋友注意自己的视力情况，更加人性化。首界面展示如图 14-15 所示。

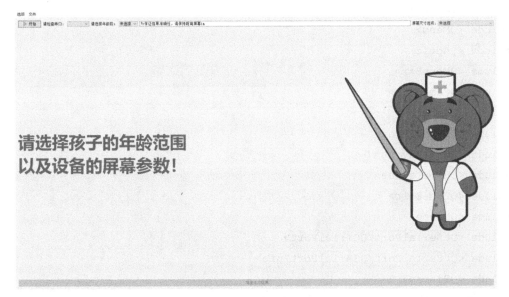

图 14-15　首界面展示

14.5.7　完成结果导出与存储功能

由于该项目的产品不仅支持儿童的视力实时监测，还能让家长完成对儿童视力状况变化的追踪，以便更好地关注儿童的视力健康，因此还需实现将检测结果导出并存储的功能。因此在每次测试完毕时，都显示一个"导出结果"按钮，单击该按钮即可将测量结果导出，同时记录测试时间。用户可以打开存储位置中的 txt 文件进行查看，如图 14-16 所示。

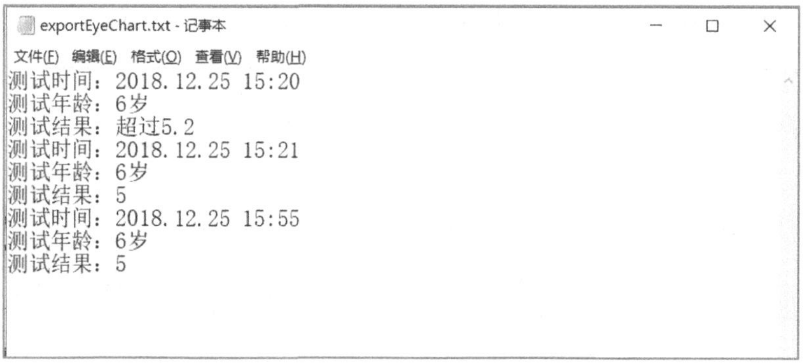
exportEyeChart.txt - 记事本

文件(F) 编辑(E) 格式(O) 查看(V) 帮助(H)

测试时间：2018.12.25 15:20
测试年龄：6岁
测试结果：超过5.2
测试时间：2018.12.25 15:21
测试年龄：6岁
测试结果：5
测试时间：2018.12.25 15:55
测试年龄：6岁
测试结果：5

图 14-16　导出数据

14.5.8　Qt 软件部分代码

Qt 软件部分代码包含“mainwindow.h”“mainwindow.cpp”“main.cpp”，在编写代码之前，需要将相应的图片存入根目录下的“imgs”文件夹。各部分代码如下所示。

1. “mainwindow.h”代码

```
#ifndef MAINWINDOW_H
#define MAINWINDOW_H
#include <QMainWindow>
#include <QMenu>
#include <QAction>
#include <QMenuBar>
#include <QComboBox>
#include <QLabel>
#include <QPushButton>
#include <QGridLayout>
#include <QHBoxLayout>
#include <QLineEdit>
#include <QFrame>
#include <QtSerialPort/QSerialPort>
#include <QtSerialPort/QSerialPortInfo>
#include <QPixmap>
#include <QTextEdit>
#include <QMediaPlayer>

class MainWindow : public QMainWindow
{
    Q_OBJECT
private:
   QMenu* optionMenu;
```

```
QMenu* fileMenu;
QAction* beginTest;
QAction* exitTest;
QAction* openFile;
QGridLayout* wholeLayout;
QHBoxLayout* upLayout;
QLabel* COMtext;
QLabel* AGEtext;
QComboBox* COM;
QComboBox* ageSelect;
QLineEdit* currentDistanceView;
QHBoxLayout* middleLayout;
QLabel* picLabel;
//添加提示图片 Logo
QLabel* logolabel;
//添加大字提示的 label
QLabel* Textlabel;
QHBoxLayout* downLayout;
QPushButton* exportResButton;
QString currentDistance;
QPixmap currentPic;
char currentRow;
char maximumRow;
char minimumRow;
QString currentPicDirection;
QSerialPort *MainSerial;
int MainSerialPortOneFrameSize=15;
int MainSerialBaudRate=9 600;
int MainSerialPortRecvFrameNumber=0;
int MainSerialPortRecvErrorFrameNumber=0;
QString MainSerialRecvData;
QString currentAge;
int WRONGTIME = 0;
int RIGHTTIME = 0;
bool RIGHTEVER = false;
bool FLAG_GESTURE = false;
int picLabelWidth;
int picLabelHeight;
QMovie* movie;
```

```
    void changePixmap(QString picLoc);

    void readDataFromPort();

    void scanport();

    void openport();

    void closeport();

    void processReceivedData(QString, bool);

    QString getCurrentDirection();

    QString randomDirection(char row);

    // TODO 显示屏适配

    QLabel *ScreenSizeSelectedLabel;

    QComboBox *ScreenSizeBox;

    double currentPicWidth = 80.8; // 初始化为15.6英寸--1 920×1 080 对应的图片宽度

    double picHW = 8.711 54; // 图片高宽比

    QString currentPicPath="K2";

    void initScreenAdapter();

    QString resultFinal;

    QPushButton *startBtn;//开始按钮

    QDialog* openDialog;//展示txt中的内容

    QTextEdit* txtArea;//txt中内容

    //QPushButton* testMusicButton;

    QMediaPlayer* playGood;

    QMediaPlayer* playBad;

    QMediaPlayer* playChange;

    QPixmap logo;


public:

    MainWindow(QWidget *parent = 0);

    ~MainWindow();

    const static int LEFT = 4;//上下左右，常量

    const static int RIGHT = 6;

    const static int UP = 8;

    const static int DOWN = 2;


private slots:

    void beginTestFunction();

    void exitTestFunction();

    void openFileFunction();

    void MainSerialRecvMsgEvent();

    void exportResult();
```

```
    void CombBoxChange();
    // 屏幕适配：为不同的台式计算机和笔记本电脑设置对应图片宽度
    void setPicPxForScreen();
    void setAgeModel();  // 根据不同年龄进行适配
    void playSound();
};
#endif // MAINWINDOW_H
```

2. "mainwindow.cpp" 代码

```cpp
#include "mainwindow.h"
#include <QtSerialPort/QSerialPort>
#include <QtSerialPort/QSerialPortInfo>
#include <QDebug>
#include <QMovie>
#include <QMessageBox>
#include <QFile>
#include <QTextStream>
#include <QDateTime>
#include <QFileDialog>
#include <QMediaPlayer>

MainWindow::MainWindow(QWidget *parent)
    : QMainWindow(parent)
{
    QWidget* mainWidget = new QWidget();
    this->setCentralWidget(mainWidget);
    //this->setFixedSize( this->width (),this->height ());


    optionMenu = menuBar() ->addMenu(tr("选项"));//添加菜单
    beginTest = optionMenu ->addAction(tr("开始"));//添加菜单项
    exitTest = optionMenu ->addAction(tr("退出"));
    fileMenu = menuBar() ->addMenu(tr("文件"));
    openFile = fileMenu ->addAction(tr("打开"));
    connect(beginTest,SIGNAL(triggered()),this,SLOT(beginTestFunction()));
    connect(exitTest,SIGNAL(triggered()),this,SLOT(exitTestFunction()));
    connect(openFile,SIGNAL(triggered()),this,SLOT(openFileFunction()));
    upLayout = new QHBoxLayout();
    COM = new QComboBox();//端口的下拉框
    QStringList ageList = {"未选择","3","4","5","6+"};
    ageSelect = new QComboBox();
```

```
for(int i =0;i<ageList.size();i++){//年龄的下拉框
    ageSelect->addItem(ageList.at(i));
}


currentDistanceView = new QLineEdit();
currentDistanceView->setFocusPolicy(Qt::NoFocus);
currentDistance = "";


//增加的UI
COMtext = new QLabel;
COMtext->setText("请检查串口：");
AGEtext = new QLabel;
AGEtext->setText("请选择年龄段：");
startBtn = new QPushButton();
upLayout->addWidget(startBtn);
startBtn->setText("开始");
QIcon start(":/eyechartImgs/imgs/imgs/start.png");
startBtn->setIcon(start);
connect(startBtn,SIGNAL(clicked()),this,SLOT(beginTestFunction()));
upLayout->addWidget(COMtext);
upLayout ->addWidget(COM);//上端的行布局
upLayout->addWidget(AGEtext);
upLayout ->addWidget(ageSelect);
upLayout ->addWidget(currentDistanceView);
middleLayout = new QHBoxLayout();
middleLayout->setSpacing(20);
//增加的UI左边大字提示语
Textlabel = new QLabel;
Textlabel->setText("请选择孩子的年龄范围\n以及设备的屏幕参数！");
Textlabel->setAlignment(Qt::AlignCenter);//居中显示
QFont font("Microsoft YaHei",40,75);
font.setPointSize(40);
Textlabel->setStyleSheet("color:#6d6d6d;");
Textlabel->setFont(font);
middleLayout->addWidget(Textlabel);
picLabel = new QLabel();
picLabel->setEnabled(true);
middleLayout ->addWidget(picLabel);//中间就是一个图片的展示区域
```

```
//增加的 UI 小熊图像部分
logolabel = new QLabel();
logo = QPixmap(":/eyechartImgs/imgs/imgs/logo.png");
logolabel->setAlignment(Qt::AlignLeft);
logolabel->setAlignment(Qt::AlignCenter);
logolabel->setPixmap(logo);
middleLayout->addWidget(logolabel);
downLayout = new QHBoxLayout();//底端的按钮
exportResButton = new QPushButton(tr("导出本次结果"));
exportResButton ->setEnabled(false);
downLayout ->addWidget(exportResButton);
wholeLayout = new QGridLayout();//整体布局上中下
wholeLayout ->addLayout(upLayout,0,0);
wholeLayout ->addLayout(middleLayout,1,0);
wholeLayout ->addLayout(downLayout,2,0);
mainWidget->setLayout(wholeLayout);
picLabelWidth = picLabel->width();
picLabelHeight = picLabel ->height();
//按比例放缩，某一个维度填满 label
picLabel ->setAlignment(Qt::AlignCenter);//居中显示
picLabel ->setPixmap(currentPic);
picLabel->setEnabled(false);
currentDistanceView->setText("为保证结果准确性，请保持距离屏幕 1 m");
/********************/
// TODO 屏幕适配
initScreenAdapter();
connect(ScreenSizeBox,SIGNAL(activated(int)),this,SLOT(setPicPxForScreen ()));
/********************/
//判断年龄和屏幕型号是否选择
connect(ScreenSizeBox,SIGNAL(currentIndexChanged(int)),this,SLOT
(CombBoxChange()));
    connect(ageSelect,SIGNAL(currentIndexChanged(int)),this,SLOT
(CombBoxChange()));
    // 设置对应的年龄模式
connect(ageSelect,SIGNAL(currentIndexChanged(int)),this,SLOT (setAgeModel ()));
connect(exportResButton,SIGNAL(clicked()),this,SLOT(exportResult()));
playGood = new QMediaPlayer;
playGood->setMedia(QUrl("qrc:/Music/music/good.mp3"));
playBad = new QMediaPlayer;
```

```
        playBad ->setMedia(QUrl("qrc:/Music/music/bad.mp3"));
        playChange = new QMediaPlayer;
        playChange ->setMedia(QUrl("qrc:/Music/music/change.mp3"));
    }
    MainWindow::~MainWindow()
    {
    }
    void MainWindow::beginTestFunction(){//开始测试，图片展示区域被激活
        if(ageSelect->currentIndex()== 0|| ScreenSizeBox ->currentIndex() == 0){
            QMessageBox::warning(this, "未完成屏幕/年龄适配", "请完成年龄和屏幕的适
配之后重新点击开始~", QMessageBox::Yes);
            return;
        }
        readDataFromPort();
    }


    void MainWindow::exitTestFunction()
    {
        //退出函数
        this->close();
    }


    void MainWindow::openFileFunction()
    {
        //打开文件
        QString openFileName = QFileDialog::getOpenFileName(this,"Open...",
QDir::currentPath(), "Document files (*.txt);");
        openDialog = new QDialog(this);
        txtArea = new QTextEdit(openDialog);
        QFile readFile(openFileName);
        readFile.open(QIODevice::ReadOnly|QIODevice::Text);
        QString dataExisted = "";
        QTextStream readIn(&readFile);
        while(!readFile.atEnd()){
            dataExisted = readIn.readAll();
        }

        readFile.close();
        openDialog->resize(600,400);
```

```
    txtArea ->resize(600,400);

    openDialog->show();

    txtArea ->setText(dataExisted);

}


void MainWindow::changePixmap(QString picLoc){//给一个字符串，生成路径，读取图片
    QString picWholeLoc =":/eyechartImgs/imgs/imgs/" + picLoc +".jpg";
   //currentDistanceView->setText(currentDistanceView->text()+picWholeLoc +"
"+ getCurrentDirection());
    currentPic = QPixmap(picWholeLoc);
    currentPic = currentPic.scaled(QSize(qRound(currentPicWidth), qRound
(currentPicWidth*picHW)), Qt::KeepAspectRatio); // 图片尺寸调整
    picLabel ->setAlignment(Qt::AlignCenter);//居中显示
    picLabel ->setPixmap(currentPic);


    qDebug()<<picWholeLoc;

    qDebug()<<currentPicWidth<<" "<<currentPicWidth*picHW;

    qDebug()<<width()<<" "<<height();

    qDebug()<<picLabel->width()<<" "<<picLabel->height();

    qDebug()<<currentPic.width()<<" "<<currentPic.height();

    qDebug()<<picLoc;

    // TODO 获取路径
    currentPicPath = picLoc;

    update();

}


void MainWindow::readDataFromPort(){//读串口，分为扫描和打开
        scanport();

        openport();

}


/* 扫描串口按钮回调函数 */
void MainWindow::scanport()
{
    //qDebug()<<"122";

    /* 新建串口类 */
    MainSerial = new QSerialPort();

    if(MainSerial != nullptr)

    {
```

```
        qDebug()<<"124";
        /* 查找可用串口 */
        foreach(const QSerialPortInfo &info, QSerialPortInfo::availablePorts())
        {
            QSerialPort serial;
            serial.setPort(info);
            /* 判断端口是否能打开 */
            if(serial.open(QIODevice::ReadWrite))
            {
                int isHaveItemInList = 0;
                /* 判断是不是已经在列表中了 */
                for(int i=0; i<COM->count(); i++)
                {
                    /* 如果已经在列表中，那么不添加这一项 */
                    if(COM ->itemData(i) == serial.portName())
                    {
                        isHaveItemInList++;
                    }
                }
                if(isHaveItemInList == 0)
                {
                    COM ->addItem(serial.portName());
                }
                serial.close();
            }
        }
        else
        {

        }
    }


/*打开串口按钮回调函数*/
void MainWindow::openport()
{
    /* 先来判断对象是不是为空 */
    if(MainSerial == nullptr)
    {
```

```cpp
        /* 新建串口对象 */
        MainSerial = new QSerialPort();
    }
    /* 判断是要打开串口, 还是关闭串口 */
    if(MainSerial->isOpen())
    {
        /* 串口已经打开, 现在来关闭串口 */
        MainSerial->close();
    }
    else
    {
        /* 判断是否有可用串口 */
        if(COM ->count() != 0)
        {
            /* 串口已经关闭, 现在打开串口 */
            /* 设置串口名称 */
            MainSerial->setPortName(COM->currentText());
            /* 设置波特率 */
            MainSerial->setBaudRate(MainSerialBaudRate);
            /* 设置数据位数 */
            MainSerial->setDataBits(QSerialPort::Data8);
            /* 设置奇偶校验 */
            MainSerial->setParity(QSerialPort::NoParity);
            /* 设置停止位 */
            MainSerial->setStopBits(QSerialPort::OneStop);
            /* 设置流控制 */
            MainSerial->setFlowControl(QSerialPort::NoFlowControl);
            /* 打开串口 */
            MainSerial->open(QIODevice::ReadWrite);
            /* 设置串口缓冲区大小, 这里设置缓冲区为 5 字节 */
            MainSerial->setReadBufferSize(MainSerialPortOneFrameSize);
            /* 注册回调函数 */
            QObject::connect(MainSerial,&QSerialPort::readyRead, this, &MainWindow::
MainSerialRecvMsgEvent);
            picLabel ->setEnabled(true);

        }
        else
        {
```

```
            //qDebug()<<"121";
            QMessageBox::warning(this,tr("警告"),tr("未找到可用数据，请检查硬件数
据线连接"),QMessageBox::Ok);
        }
    }
}


/* 串口接收数据事件回调函数 */
void MainWindow::MainSerialRecvMsgEvent()
{
    MainSerialRecvData = MainSerial->readAll();
    if(!MainSerialRecvData.isEmpty())
    {
        MainSerialPortRecvFrameNumber++;

        /* 把接受到的数据显示到界面上 */
        if(MainSerialRecvData.contains('t')){

            currentRow = 'K';//begin gesture detection
            changePixmap("K2");//从 K2 开始
            currentPicDirection = '2';
            FLAG_GESTURE = true;
            currentDistanceView->setText("您当前的距离是: " + MainSerialRecvData.
split('t')[0]);//当前距离（这儿还有问题，不知道为什么，你们看一下
            Textlabel->setText("测试开始\n 请按照字母方向挥动手势");
        }
        processReceivedData(MainSerialRecvData, FLAG_GESTURE);//处理数据
    }
    else
    {
        MainSerialPortRecvErrorFrameNumber++;
    }
}
void MainWindow::processReceivedData(QString receivedData, bool flag_gesture){
    if(receivedData.length()==0) return;
    if(flag_gesture == false){//显示距离
        //currentDistanceView->setText("您当前的距离是: " + receivedData);
        Textlabel->setText("请站在离屏幕 100 cm 左右距离\n 当前距离为: "+ receivedData+
"cm");
```

```
        }
    else{//process gesture data
//          currentDistanceView ->setText(receivedData);
//          qDebug()<<getCurrentDirection()<< " "<<receivedData<<endl;
        qDebug()<<receivedData<<endl;
            qDebug()<<"right: "+ currentPicDirection<<endl;


        if(receivedData.compare(QString::number(LEFT)) == 0 || receivedData.
compare(QString::number(RIGHT)) == 0
                        || receivedData.compare(QString::number(UP)) == 0 ||
receivedData.compare(QString::number(DOWN)) == 0){


        if(getCurrentDirection().compare(receivedData)==0){//right gesture
//          qDebug()<<"RIGHT!!!"<<endl;
            WRONGTIME = 0;//移植 matlab 代码，错误次数
            RIGHTTIME++;//正确次数
            RIGHTEVER = true;//是否对过
            if(RIGHTTIME == 2){
                currentRow++;
                if(currentRow > maximumRow){
                    double res = 4.0 + 0.1 * (maximumRow - 65);
                    //currentDistanceView ->setText("您的视力超过 " + QString::
number(res));

                    Textlabel->setText("您的视力超过 " + QString::number(res));
                    picLabel ->setEnabled(false);
                    closeport();//超过最好的结果，关闭串口
                    exportResButton ->setEnabled(true);
                    resultFinal = "超过" + QString::number(res);
                    playGood->stop();
                    playGood->setMedia(QUrl("qrc:/Music/music/good.mp3"));
                    playGood ->play();
                }
                else{
                    changePixmap(randomDirection(currentRow));//下一行中随机选取
                    playChange->stop();
                    playChange->setMedia(QUrl("qrc:/Music/music/change.mp3"));
                    playChange->play();
                    RIGHTTIME = 0;
                    return;
```

```
                }
            }
            else{
                changePixmap(randomDirection(currentRow));//本行随机选取
                playChange->stop();
                playChange->setMedia(QUrl("qrc:/Music/music/change.mp3"));
                playChange->play();
                return;
            }
        }
        else{//wrong gesture
            WRONGTIME++;//错误次数加
            RIGHTTIME = 0;//正确次数
            if(WRONGTIME == 2){
                if(RIGHTEVER){//曾经对过，算结果
                    double res = 4.0 + 0.1 * (currentRow - 65);
                    //currentDistanceView ->setText("您的视力为 " + QString::
number(res));
                     Textlabel->setText("您的视力为 " + QString::number(res));
                    picLabel ->setEnabled(false);
                    closeport();
                    exportResButton ->setEnabled(true);
                    resultFinal = QString::number(res);
                    playGood->stop();
                    playGood->setMedia(QUrl("qrc:/Music/music/good.mp3"));
                    playGood->play();
                }
                else{//没有对过，上一行开始
                    currentRow--;
                    WRONGTIME = 0;
                    if(currentRow < minimumRow){//比最差还要更差
                        double res = 4.0 + 0.1 * (minimumRow - 65);
                        //currentDistanceView ->setText("您的视力低于"+ QString::
number(res));
                        Textlabel->setText("您的视力低于" + QString::number(res));
                        picLabel ->setEnabled(false);
                        closeport();
                        exportResButton ->setEnabled(true);
                        resultFinal = "低于" + QString::number(res);
```

```
            logo = QPixmap(":/eyechartImgs/imgs/imgs/sadlogo.png");
            logolabel->setPixmap(logo);
            playBad->stop();
            playBad->setMedia(QUrl("qrc:/Music/music/bad.mp3"));
            playBad ->play();
        }
        changePixmap(randomDirection(currentRow));
        playChange->stop();
        playChange->setMedia(QUrl("qrc:/Music/music/change.mp3"));
        playChange->play();
        return;
        }
    }
    else{
        changePixmap(randomDirection(currentRow));
        playChange->stop();
        playChange->setMedia(QUrl("qrc:/Music/music/change.mp3"));
        playChange->play();
        return;
    }
    }
    }
    }
}


QString MainWindow::getCurrentDirection(){//返回当前的正确答案
    return currentPicDirection;
}


QString MainWindow::randomDirection(char row){//随机产生一个方向
    QString res = QString::number(2 *(qrand() % 4) + 2);
    while(res.compare(currentPicDirection) == 0)
        res = QString::number(2 * (qrand() % 4) + 2);
    currentPicDirection = res;//更新正确答案
    return res.prepend(row);
}


void MainWindow::closeport(){
    /* 先判断对象是否为空 */
```

```
        if(MainSerial == nullptr)
        {
            /* 新建串口对象 */
            MainSerial = new QSerialPort();
        }
        /* 判断是要打开串口，还是关闭串口 */
        if(MainSerial->isOpen())
        {
            /* 串口已经打开，现在关闭串口 */
            MainSerial->close();
        }
    }
    // TODO 屏幕适配选项初始化
    void MainWindow::initScreenAdapter()
    {
        ScreenSizeSelectedLabel = new QLabel("屏幕尺寸选项:");
        ScreenSizeBox = new QComboBox();
        QStringList sizeList;
        // 笔记本电脑
        sizeList<<"未选择"
                << "13.3 英寸--分辨率 1 366*768"          //1
                << "13.3 英寸--分辨率 1 600*900"          //2
                << "14 英寸--分辨率 1 366*768"            //3
                << "14 英寸--分辨率 1 600*900"            //4
                << "15.6 英寸--分辨率 1 366*768"          //5
                << "15.6 英寸--分辨率 1 920*1 080"        //6
                << "17.4 英寸--分辨率 1 600*900"          //7
                << "17.4 英寸--分辨率 1 920*1 080"        //8
                << "18.4 英寸--分辨率 1 920*1 080";       //9
        // 台式计算机
        sizeList<< "18.5英寸--分辨率 1 366×768"          //10
                << "19 英寸--分辨率 1 440*900"            //11
                << "20 英寸--分辨率 1 600*900"            //12
                << "20 英寸--分辨率 1 600*1 200"          //13
                << "21.5 英寸--分辨率 1 920*1 080"        //14
                << "22 英寸--分辨率 1 680*1 050"          //15
                << "22 英寸--分辨率 1 920*1 080"          //16
                << "22 英寸--分辨率 1 920*1 200"          //17
                << "23 英寸--分辨率 1 920*1 080"          //18
```

```
                 << "23 英寸--分辨率 1 920*1 200"            //19
                 << "23.6 英寸--分辨率 1 920*1 080"          //20
                 << "24 英寸--分辨率 1 920*1 080"            //21
                 << "24 英寸--分辨率 1 920*1 200"            //22
                 << "25 英寸--分辨率 1 920*1 080"            //23
                 << "26 英寸--分辨率 1 920*1 080"            //24
                 << "26 英寸--分辨率 1 920*1 200"            //25
                 << "27 英寸--分辨率 1 920*1 080"            //26
                 << "30 英寸--分辨率 2 560*1 600";           //27
    ScreenSizeBox->addItems(sizeList);
    sizeList.clear();
    // 添加控件
    upLayout->addWidget(ScreenSizeSelectedLabel);
    upLayout->addWidget(ScreenSizeBox);
}


// TODO 屏幕适配：为台式计算机设置对应图片宽度
void MainWindow::setPicPxForScreen(){
    double PxForScreenSize[28]={0,67.4,79,64,75,57.5,80.8,60,72.5,68.5, //
笔记本电脑
    48.5,49.8,52.5,57.2,58.6,51.5,57.3,58.9,54.8,56.3,53.4,52.5,54,50.4,48.5,4
9.8,52.4,57.6 // 台式计算机
                                };
    currentPicWidth = PxForScreenSize[ScreenSizeBox->currentIndex()];
    qDebug()<<"当前图片宽度:"<<currentPicWidth;
    changePixmap(currentPicPath);
    qDebug()<<"当前图片 Path:"<<currentPicPath;
}


//判断年龄和屏幕是否选择好
void MainWindow::CombBoxChange()
{
    //qDebug()<<"123";
    int i = ageSelect->currentIndex();
    int j = ScreenSizeBox->currentIndex();
    if(i != 0&&j !=0)
    {
        Textlabel->setText("请选择屏幕左上角\n"开始"键启动程序");
        //movie->start();
```

```
        }
    }

    void MainWindow::exportResult(){
        QString fileName = "D:/exportEyeChart.txt";
        QFile exportFile(fileName);
        if(!exportFile.open(QIODevice::WriteOnly | QIODevice::Text | QIODevice::
Append )){
            QMessageBox::warning(this, "sdf", "can't open this file", QMessageBox::
Yes);
        }
        QTextStream exportIn(&exportFile);
        QString dataExisted = "";
        while(!exportFile.atEnd()){
            dataExisted = exportIn.readAll();
        }
        //exportIn << dataExisted << "\r\n";   ???是否需要
        exportIn<<"测试时间："+QDateTime::currentDateTime().toString("yyyy.MM.dd
hh:mm")<<'\n';
        exportIn << "测试年龄：" + currentAge << '\n';
        exportIn << "测试结果：" + resultFinal << '\n';
        exportFile.close();
        QMessageBox::information(this,"提示信息","导出成功，路径为D:/exportEyeChart.txt",
QMessageBox::Yes);
    }

    void MainWindow::setAgeModel(){
        switch (ageSelect->currentIndex()) {
        case 1:              // 3岁：0.5~0.6
            maximumRow = 'F';
            minimumRow = 'E';
            currentAge = "3岁";
            break;
        case 2:              // 4岁：0.6~0.8
            maximumRow = 'E';
            minimumRow = 'D';
            currentAge = "4岁";
            break;
        case 3:              // 5岁：0.8~1.0
```

```
        maximumRow = 'D';
        minimumRow = 'C';
        currentAge = "5岁";
        break;
    case 4:                    // 5岁: 0.8~1.0
        maximumRow = 'M';
        minimumRow = 'A';
        currentAge = "6岁";
        break;
    default:
        break;
    }
    qDebug()<<char(maximumRow)<<" "<<char(minimumRow);
}


void MainWindow::playSound(){
    playChange ->play();
}
```

3. "main.cpp" 代码

```
#include "mainwindow.h"
#include <QApplication>
#include <QSplashScreen>
#include <QDateTime>


int main(int argc, char *argv[])
{
    QApplication a(argc, argv);
    QPixmap pixmap(":/eyechartImgs/imgs/imgs/launch.png");
        QSplashScreen screen(pixmap);
        screen.show();
        QDateTime begin = QDateTime::currentDateTime();
        QDateTime now;
            do{
                now=QDateTime::currentDateTime();
            } while (begin.secsTo(now)<=5);
        screen.close();
    MainWindow w;
    w.setWindowFlags(w.windowFlags()&~Qt::WindowMaximizeButtonHint&~Qt::
WindowMinimizeButtonHint);//隐去最大化和最小化按钮, 最大化显示
```

```
    w.showFullScreen();
    w.setWindowTitle("Family+少儿自助视力检测仪");
//    w.resize(w.width(),w.height ());
    return a.exec();
}
```

参 考 文 献

[1] 李瀚荪. 电路分析基础（第4版）[M]. 北京：高等教育出版社，2006.

[2] 刘长学，成开友. 电路基础 [M]. 北京：人民邮电出版社，2020.

[3] （美）奥马利. 基本电路分析 [M]. 李沐荪，张世娟，丘春玲，译. 北京：科学出版社，2002.

[4] 阎石，王红. 数字电子技术基础 [M]. 北京：高等教育出版社，2016.

[5] （美）弗洛伊德. 数字电子技术（第十版）[M]. 余璆，译. 北京：电子工业出版社，2014.

[6] 清华大学电子学教研组. 模拟电子技术基础（第五版）[M]. 北京：高等教育出版社，2015.

[7] 李永华. Arduino 开源硬件概论 [M]. 北京：清华大学出版社，2019.